ARMAS SECRETAS DE HITLER

PROYECTOS Y PROTOTIPOS EN LA ALEMANIA NAZI

LA MÁQUINA DE GUERRA DE HITLER

ARMAS SECRETAS DE HITLER

PROYECTOS Y PROTOTIPOS EN LA ALEMANIA NAZI

GIORGIO BERGAMINO - GIANNI PALITTA

TIKAL

Dirección editorial
Isabel Ortiz

Textos
Giorgio Bergamino, Gianni Palitta

Redacción
Laura Aceti, Donatella Bergamino

Traducción
Herminia Bevia

Corrección
Manuel García

Maquetación
Donatella Bergamino

Preimpresión
Miguel Ángel San Andrés

Wunderwaffen

Cuando la suerte de la guerra para Alemania parecía estar echada, y el simultáneo avance en dos frentes opuestos del Ejército Rojo y las tropas de los Aliados tenía atrapado al ejército alemán, la hábil propaganda de Joseph Goebbels difundió la noticia de los preparativos para un arma que, por sí sola, permitiría a las fuerzas nazis dar un vuelco a la situación y ganar la guerra. De inmediato, los soldados recobraron fuerza en los combates, intentando ganar el mayor tiempo posible de cara a la irrupción en los campos de batalla de esa nueva y decisiva arma. Al mismo tiempo florecieron una serie de hipótesis que, a menudo, rayaban con la ciencia ficción: se empezó a hablar de una bomba devastadora, de rayos láser capaces de incinerar prácticamente cualquier posición enemiga, o de mortíferos cohetes que podían alcanzar también los objetivos más lejanos.

Ahora sabemos cómo acabó aquello: el arma no vio jamás la luz (al menos, no para los alemanes), pero era cierto que los técnicos de Hitler estuvieron cerca de conseguir su objetivo. Durante los últimos meses de la guerra, las tropas alemanas exhibieron las *Wunderwaffen* (término que significa « armas maravillosas»), fruto de una avanzadísima tecnología. A pesar de que no alteraron el resultado de la guerra, a esas alturas ya cantado, abrieron el camino a nuevas aplicaciones en el terreno científico y militar e influyeron en la producción armamentista de años venideros.

Tikal Ediciones
C/ Campezo, 13 - 28022 Madrid
Tel.: 91 3009100 - Fax: 91 3009110
Impreso y encuadernado en España
www.susaeta.com

D.L.: M-1580-MMXIII

Índice

La derrota en la Gran Guerra y, sobre todo, el humillante tratado de paz impuesto por los vencedores, alentaron en Alemania un espíritu de revancha que el naciente Partido Nacionalsocialista de los Trabajadores supo plasmar. Cuando Adolf Hitler ascendió al poder, restableció las fuerzas armadas para recuperar el «espacio vital» que Alemania, en su opinión, necesitaba.

ALEMANIA EN GUERRA

EL TRATADO DE VERSALLES Y LA LIMITACIÓN DEL ARMAMENTO

PLANES SECRETOS DE REARME

LA PRODUCCIÓN BÉLICA DURANTE LA GUERRA

HITLER, ENTRE GENERALES Y CIENTÍFICOS

PROPAGANDA Y GUERRA

EL TRATADO DE VERSALLES Y LA LIMITACIÓN DEL ARMAMENTO

Al final de la espantosa contienda que durante cinco años había devastado muchos países de Europa y causado más de diez millones de muertos, los representantes de 32 naciones se reunieron en París para fijar las condiciones de paz y el futuro del continente. El congreso comenzó alentado por las mejores intenciones, inspirándose en los 14 puntos que el presidente de Estados Unidos, Thomas Woodrow Wilson, había sugerido para establecer nuevas reglas en las relaciones entre Estados, con el objeto de evitar un nuevo baño de sangre. Sin embargo, con el tiempo se impusieron los intereses egoístas de las diversas naciones, alumbrando así un acuerdo que, de hecho, no resolvía las grandes cuestiones planteadas por Wilson y sentaba las bases para nuevos conflictos.

Alemania debía devolver a Francia Alsacia y Lorena, a Bélgica pequeñas franjas de territorio (Eupen y Malmédy) y a Dinamarca parte de Schleswig; al este perdía, en favor de la reconstituida Polonia, Posnania y parte de Pomerania para garantizar una salida polaca al mar Báltico (corredor polaco). Con este mismo fin, también la ciudad alemana de Dánzig quedaba desgajada de Alemania y se erigía en ciudad libre; además, la suerte de Alta Silesia sería sometida a un plebiscito que decidiría su pertenencia a Alemania o a Polonia (según los resultados del plebiscito, celebrado en marzo

Los Estados aliados, preocupados por un resurgir alemán, dieron a Alemania el peor trato. Sin citarles para discutir las condiciones, el 7 de mayo de 1919 se impuso a los alemanes un tratado que en Alemania fue denominado *diktat*, o «imposición».

ANUNCIO DE LA FIRMA
Arriba. Cabecera de 29 de junio de 1919 del periódico londinense Daily News.

EL TRATADO DE VERSALLES DE 1919-1920
Derecha. Reunidos en la Galería de los Espejos de Versalles, en 1919 redactaron el tratado de paz al final de la Gran Guerra. Tomaron parte 44 naciones.

Los cuatro grandes
Derecha. El primer ministro inglés David Lloyd George, el premier italiano Vittorio Orlando, el francés Georges Clemenceau y el presidente de Estados Unidos Woodrow Wilson.

Los firmantes del tratado de paz
Debajo. El delegado alemán, Johannes Bell, de espaldas mientras firma el tratado asistido por Hermann Müller, en una obra conmemorativa del Museo Imperial de la Guerra en Londres.

de 1921, dichas áreas fueron luego repartidas entre los dos Estados). La orilla izquierda del Rin, con la cuenca del Saar, estaría en manos de los franceses durante 15 años, y quedaban anulados los tratados de Brest-Litovsk y de Bucarest (impuestos a Rusia y a Rumanía en 1918), con todas las ventajas en ellos comprendidas.

Alemania perdía también las colonias: las de África se repartían entre Francia, Inglaterra y Sudáfrica; se asignaban a Japón las del Pacífico.

Especial e inútilmente ofensivo para los alemanes era el artículo 231, conocido como «cláusula de culpabilidad», de acuerdo con el cual «[...] Alemania reconoce que es responsable de todos los daños sufridos por los gobiernos aliados, asociados a la causa de la guerra que les fue impuesta a raíz de su agresión».

A dicha admisión se sumaba el tema de las reparaciones que debía abonar Alemania. Para determinar la cuantía se creó la Comisión de compensaciones, que debía estimar todos los daños de guerra. Durante años, las conclusiones de esta comisión fueron objeto de continuas disputas entre los gobiernos aliados y el alemán.

Es evidente que las decisiones adoptadas por la Comisión en 1921, que impondrían a Alemania el pago de 132.000 millones de marcos oro (cifra astronómica, superior no ya a las posibilidades de un pueblo, sino de un continente), no tuvieron en cuenta la realidad ni la oportunidad política. El gobierno alemán tomó esto como excusa para sustraerse a todas sus obligaciones, respaldado de forma encubierta por Gran Bretaña que, una vez debilitada la fuerza de su rival, retornó a su tradición política de equilibrio con la pretensión de poner freno a una supuesta hegemonía francesa.

El asunto de las compensaciones por daños bélicos envenenó los primeros años de posguerra y agrió aún más las relaciones entre Alemania y Francia, poniendo en peligro la momentánea buena armonía entre esta última y Gran Bretaña. De este modo, más que un instrumento de paz, el Tratado de Versalles resultó ser una fuente de nuevos enfrentamientos.

El ejército alemán, que había conseguido poner en aprietos a las fuerzas vencedoras y que, de hecho, no fue derrotado en el campo de batalla, se redujo de 8.000.000 de efectivos (con 34.000 oficiales) a solo 100.000 (con 4.000 oficiales) y se eliminó el reclutamiento obligatorio. El ejército no podía contar con más de siete divisiones de infantería y tres de caballería. El armamento quedó diezmado y se impuso un número de proyectiles para los cañones: 1.500 disparos por pieza para calibres 105 o inferiores y 500 para calibres mayores. Todo lo que superase esa cifra tenía que ser entregado a los Estados vencedores. Las fábricas de material bélico y afines debían cerrar, con excepción de las pocas que produjeran el material autorizado, aunque pasaban a estar bajo el control de una comisión internacional, que

Armamento de los *Freikorps*
Arriba. Acorazado de los Freikorps *al mando del general Walther von Lüttwitz, que se oponía al tratado de paz.*

Armamento de las unidades territoriales
Derecha. Una unidad de defensa territorial transporta un cañón de dimensiones ridículas en cumplimiento de las disposiciones del Tratado de paz de Versalles.

Destrucción de armas
Derecha. Operarios desmontan en Berlín un tanque inglés capturado por el ejército alemán en el frente occidental, en cumplimiento del Tratado de Versalles.

Freikorps
Abajo. Manifiesto de 1919 de los Freikorps *que muestra a un soldado, las insignias del cuerpo e invita a unirse a los voluntarios.*

verificaría la naturaleza y cantidad de la producción. La Kaiserliche Marine fue la sección del ejército más afectada, debido al temor de Reino Unido a ver minado el prestigio y poder de su Royal Navy. Alemania conservaría solamente una flotilla de dragaminas, remolcadores y viejos acorazados: las mejores embarcaciones alemanas fueron hundidas, en vez de ser entregadas a las potencias vencedoras.

Alemania tampoco podía crear dentro de su ejército un sector aeronáutico.

Asimismo había que destruir todas las obras de fortificación construidas en una línea trazada a 50 kilómetros del Rin, mientras se permitía que los alemanes conservasen las edificaciones defensivas situadas en la zona oriental. La realidad era que las potencias occidentales tenían mucho interés en mantener una sólida línea de defensa, capaz de frenar un eventual ataque procedente de la Unión Soviética.

PLANES SECRETOS DE REARME

Rearme
Hans von Seeckt con Otto Geßler, artífices ambos del rearme alemán.

Dadas estas premisas, no hizo falta mucho para que el espíritu revanchista en Alemania hiciese triunfar el exasperado nacionalismo del que Hitler y su partido fueron los intérpretes más hábiles. Desde sus primeras apariciones, Adolf Hitler insistió en el deseo de venganza que impregnaba al pueblo alemán humillado por una derrota «inmerecida», según la mayoría, e indignado por la situación de pobreza en que se encontraba, en gran parte a causa de la deuda de guerra. En poco tiempo, mediante métodos a veces brutales, impuso de tal manera sus ideas que, a diferencia de otros muchos dictadores, no conquistó el poder por la fuerza de las armas, sino gracias a unas elecciones libres, llegando a

Congreso de Núremberg
Arriba, izquierda. Miembros de las SS se dirigen hacia la gran asamblea del Partido Nacionalsocialista celebrada en Núremberg del 1 al 3 de septiembre de 1933.

Rearme de Alemania
Derecha. Alegoría de la poderosa Alemania de 1913 y la débil de 1931.

DEUTSCHLAND HAT ABGERÜSTET!

Das Friedensheer von 1913 im Vergleich zur Reichswehr 1931.

Im Jahre 1913 zählte das deutsche Heer an Offizieren und Mannschaften insgesamt 786046 Mann; die jetzige Reichswehr erreicht nicht die 100000. Für die Waffenbestände der aktiven Wehrmacht gelten folgende Zahlen:

	1913	1931		1913	1931
Infanteriegewehre und Karabiner	631250	102000 [1])	Schwere Feldgeschütze	825	—
Schwere Maschinengewehre	2066	792	Leichte Festungsgeschütze	2594	—
Leichte Feldgeschütze	3786	288	Schwere Festungsgeschütze	2311	22 [2])

[1]) 84000 Gewehre, 18000 Karabiner. [2]) In der Festung Königsberg.

Las Waffen SS
Abajo. Condecoración militar del Tercer Reich, concedida a algunas categorías militares del ejército alemán (Heer) y de las Waffen SS. Fue diseñada por el famoso artista del régimen Wilhelm Ernst Peekhaus, que creó muchos emblemas para los diversos cuerpos. Las Waffen SS eran el brazo armado de la organización paramilitar de élite del Partido Nacionalsocialista.

obtener en 1932 el 37,6 por ciento de los votos.

Una vez conquistado el poder, una de sus primeras medidas fue infringir las reglas dictadas por el Tratado de Versalles relativas al armamento. El 16 de marzo de 1935 se reinstauró el reclutamiento forzoso: al principio por un año, para pasar a dos a partir de 1936. Así se puso en marcha la reconstitución del ejército alemán, con un número variable de efectivos en tiempo de paz de entre 500.000 y 600.000 hombres.

Ese mismo año se anunció la instauración de una fuerza aérea, pero la jugada más sorprendente fue un acuerdo naval con Gran Bretaña, que permitía a Alemania construir buques de guerra de todo tipo con un tonelaje total no superior al 35 por ciento del británico y una cifra de sumergibles parecida a la de la Royal Navy.

De esta forma nació la Wehrmacht (fuerza de defensa) integrada por tres elementos: Heer (ejército), Kriegsmarine (marina militar) y Luftwaffe (aeronáutica militar).

Heer

En 1939 el Heer contaba con 98 divisiones, 52 de ellas en servicio activo y otras 10 disponibles de inmediato, mientras las 36 restantes estaban en gran parte formadas por veteranos del primer conflicto mundial. El mayor esfuerzo del mando alemán se centró en el desarrollo de un arma que se consideraba que decidiría el resultado en una contienda: el carro de combate.

ARMAS MODERNAS
El Henschel Hs 123, bombardero monomotor y de ataque con el que se equipó a la Legión Cóndor.

Fue el general Heinz Guderian quien convenció a Hitler de sus ventajas, presentando un plan que incluía el uso de tanques en los ataques a las líneas enemigas.

Así, en septiembre de 1939 pudieron ser desplegadas seis divisiones acorazadas *(Panzerdivision)*, cada una dotada de 288 tanques (panzer). De estos, la mitad era del tipo Panzer I (carros de combate de 6 toneladas, poco armados y acorazados). De los más eficaces Panzer IV solo había 24 por cada división acorazada. Los demás pertenecían a las clases Panzer II y III, de 9 y 16 toneladas respectivamente, y equipados con cañones de 20 mm y de 37 mm.

REORGANIZACIÓN MILITAR
Adolf Hitler junto a Hans von Seeckt, considerado el inventor de la llamada «guerra relámpago».

LA GUERRA CIVIL ESPAÑOLA
La máquina de guerra hitleriana tuvo su bautismo de fuego con la participación en la guerra de España.

KRIEGSMARINE

En 1939 Hitler dio vía libre al Plan Z, un proyecto alemán para la creación de una flota similar a la británica. Con el inicio de la guerra se modificó el plan y se dio preferencia a la construcción de sumergibles, más rápidos de movimientos y menos costosos que las naves de superficie.

LUFTWAFFE

Aunque en 1919 se impuso a Alemania la disolución de la aviación militar *(Luftstreitkräfte)* y el desmantelamiento de todos los aviones que quedaban, el gobierno alemán logró mantener en secreto su propia fuerza aérea. Gracias al adiestramiento clandestino de los pilotos, llevado a cabo con ayuda de la Unión Soviética, se hizo cada vez más fuerte. Para el adiestramiento se usaban aparatos de la compañía nacional de línea Lufthansa, hábilmente camuflados como aeronaves civiles, pero en realidad aviones militares como el Junkers Ju 86 y el Heinkel He 111. Cuando accedió al poder en 1933, Hitler impulsó el resurgir de la aviación militar alemana con la creación, también de forma clandestina, de la Luftwaffe, con alrededor de 4.000 efectivos. Hacía ya tiempo que estaban en producción varios tipos de aeronaves militares y dos años después, en 1935, la noticia se hizo pública en todo el mundo. Cuando Alemania invadió Polonia, la Luftwaffe contaba con 2.695 aeronaves, divididas en 771 cazas Messerschmitt Bf 109, 408 cazabombarderos Bf 110 y 1.516 bombarderos, entre Junkers Ju 87, Ju 88, Dornier Do 17 y Heinkel He 111. Desde 1935, el mando supremo de la Luftwaffe estuvo en manos del antiguo as de la aviación alemana, y ministro de aviación, Hermann Göring, secundado por colaboradores como Erhard Milch (inspector general de la Luftwaffe) y Hans Jeschonnek.

LA PRODUCCIÓN BÉLICA DURANTE LA GUERRA

LA BASE DE PEENEMÜNDE
Albergaba el Heeresversuchsanstalt, *un gran centro de experimentación y desarrollo de misiles creado en 1937.*

El 9 de septiembre de 1936, en el congreso en Núremberg del NSDAP, Hitler anunció el programa económico conocido con el nombre de Plan Cuatrienal: a finales de 1940, la economía alemana debía ser capaz de hacer frente a una guerra para ampliar el espacio vital *(Lebensraum)*. En los cuatro años siguientes se pasó de una industria orientada a lo civil a otra de guerra, con todo lo que suponía para el abastecimiento de materias primas estratégicas (aunque no solo) y las reservas.

La búsqueda de la autarquía se convirtió en un imperativo absoluto: había que alcanzar la total autonomía del exterior en cuestión de producción y disponibilidad de materias primas. La producción de armamento llegó a más que cuadruplicarse respecto al periodo inmediatamente anterior a la Gran Guerra, hasta el punto de alcanzar el máximo de expansión en 1944, al culminar el esfuerzo bélico. Con ayuda de tecnología metalúrgica de alto nivel, la Alemania nazi logró enfrentarse a las fuerzas aliadas, incluida la inmensa Rusia, pese a

Producción bélica *Planta de la Junkers GmbH donde se producía el famoso bombardero multitarea bimotor Junkers Ju 88, considerado uno de los pilares de la Luftwaffe, la aviación militar del Tercer Reich.*

partir de una situación de inferioridad productiva. Esto fue posible gracias a los esfuerzos conjuntos de los dos principales grupos industriales: Thyssen y Krupp. Su unión permitió la producción de los mejores tanques y cañones posibles.

En vísperas de la guerra, la mayoría de los ejércitos disponían de armamentos tecnológicamente puestos al día para la década de 1930: algunas armas eran muy innovadoras (en particular en el sector aeronáutico), pero en la mayoría de los casos se trataba más que nada de modelos inspirados en cánones armamentistas que se remontaban a la Primera Guerra Mundial (eso cuando no eran simplemente las mismas armas, revisadas o mejoradas). En cambio, en Alemania fue muy notable el esfuerzo por renovar y mejorar el armamento convencional y buscar otras armas nuevas, lo que dio frutos inmediatos, sobre todo en el terreno de los vehículos y medios acorazados.

Panzerwaffe

La estrategia de la «guerra relámpago» (en alemán *Blitzkrieg*) adoptada por el mando alemán precisaba potentes vehículos acorazados, veloces y dotados de un cañón muy eficaz para desbaratar las líneas enemigas con ayuda de su potencia de fuego. En la campaña de Polonia, los alemanes usaron los Panzer I y II, vehículos más bien ligeros (5 toneladas) que desempeñaron a plena satisfacción su tarea contra un ejército poco organizado como el polaco. Sin embargo, en la operación *Barbarroja* quedó patente hasta qué punto eran inadecuados frente a los T-34 soviéticos. Fue entonces cuando Hitler impulsó la construcción de blindados, como el tanque intermedio Panzerkampfwagen V Panther y el carro de combate pesado Panzerkampfwagen VI Tiger I, de 45 y 57 toneladas respectivamente. Este último, armado con el mortífero cañón de 88 mm y protegido por un blindaje de hasta 100 mm, sembraba el terror entre los adversarios, aunque el peso era su punto débil. Al finalizar la guerra se habían producido 489 unidades de este carro de combate.

Luftwaffe

El otro sector en el que se concentró el esfuerzo armamentístico fue el vinculado a la aviación. En los veinte años transcurridos entre las dos guerras mundiales había experimentado enormes progresos, pero tuvo su máxima expansión en Alemania. Este país tenía necesidad de controlar los cielos, dado que en el mar no podía competir con la potencia británica.

Aunque los acuerdos de Versalles no lo permitían, Alemania creó en los años de posguerra una aviación militar (Luftwaffe) de forma clandestina. Sus pilotos se entrenaban en el exterior o usaban aviones de línea camuflados. Con la llegada de Hitler al poder, esta política de secretismo fue abandonada y el rearme alemán prosiguió a plena luz, hasta el

Misiles tierra-tierra
Arriba. Lanzamiento de un misil V2, precursor de los misiles balísticos, desde la rampa del centro de Peenemünde.

Carros de combate en el desierto
Derecha: Soldados del AfrikaKorps *a bordo de un tanque durante la campaña libia (1940-1943).*

Luftwaffe
JU 87D, Stuka, *bombardero de acción en picado.*

punto de que una unidad de élite de la Luftwaffe, la Legión Cóndor, participó en la guerra de España entre 1936 y 1939.

Bajo la dirección del general Erhard Milch, entre 1933 y 1936 la producción alemana de aeroplanos aumentó hasta un 800 por ciento. Gracias

UNA PODEROSA ARMA: LA MÁQUINA *ENIGMA*

Mientras duró la guerra, el mando alemán utilizó para la transmisión de órdenes una máquina especial, capaz de encriptar los mensajes de acuerdo con un código muy sofisticado y durante mucho tiempo absolutamente indescifrable. El nombre de este aparato era *Enigma* y se parecía a una máquina de escribir con doble teclado. En el segundo, el superior, las teclas habían sido sustituidas por letras luminosas, que se encendían cada vez que se presionaba una tecla en el teclado inferior. La secuencia de letras iluminadas constituía el mensaje, literal o cifrado según los casos. Su funcionamiento se basaba en tres discos cableados, denominados «rotores», que tenían 26 contactos por lado (uno por cada letra del alfabeto alemán), lo que ofrecía una serie infinita de combinaciones posibles y hacía que el mensaje fuese indescifrable, a menos que se estuviese en posesión de la clave para desencriptarlo. Muchos investigadores ingleses se dedicaron a desentrañar esta máquina. Un equipo, del cual formaba parte el matemático inglés Alan Turing, tuvo éxito en la empresa después de que la Marina Real, en 1941, lograse hacerse con una máquina *Enigma* intacta y, sobre todo, con los documentos de cifrado capturados a un sumergible alemán durante un ataque de este último a un convoy aliado. Una vez descifrado el código, fue mucho más sencillo para el Estado Mayor británico intervenir a tiempo para neutralizar los ataques enemigos.

a esto, cuando estalló la guerra, Alemania disponía de una fuerza aérea con 4.021 aparatos operativos: 1.191 eran bombarderos (Dornier Do 17, Heinkel He 111 y Junkers Ju 88), 361 cazabombarderos en picado (Junkers Ju 87), 788 cazas (Messerschmitt Bf 109) y 431 cazas pesados (Messerschmitt Bf 110), además de 488 aeronaves de transporte (mayoritariamente del modelo Junkers Ju 52).

WUNDERWAFFEN

Pero el mayor esfuerzo de los científicos y técnicos alemanes iba dirigido a crear las *Wunderwaffen* (término alemán que significa «armas maravillosas» o «armas milagrosas») que, de acuerdo con los planes de Hitler, permitirían, incluso cuando todo parecía perdido irremediablemente, el triunfo de la Alemania nazi sobre sus enemigos.

ARTILLERÍA DE CAMPO
Cañón de 105 mm fabricado por Rheinmetall AG, la mayor industria alemana de armamento.

Las acerías Krupp
Fabricación de cañones. Algunas acerías privadas fueron nacionalizadas y posteriormente adjudicada su gestión al grupo Friedrich Krupp AG.

Las *Wunderwaffen* más famosas fueron las *Vergeltungswaffen* («armas de la venganza» o «armas de represalia»). No obstante, la mayoría de las *Wunderwaffen* no superó la fase de proyecto (como sucedió con el programa nuclear militar alemán) o de prototipo (como el Panzer VIII Maus).

Proyectiles y bombas
Fue impresionante la producción alemana de obuses, bombas para aviones y proyectiles para armas individuales y artillería.

HITLER, ENTRE GENERALES Y CIENTÍFICOS

El ardiente deseo de Hitler de reconstruir en breve tiempo un ejército fuerte y capaz de lograr sus sueños de conquista, hizo que el Führer alentase por todos los medios la investigación de los ingenieros en el campo del armamento, sacando partido del trabajo de los mejores científicos alemanes de la época. Además del célebre Wernher von Braun, que diseñó para el dictador alemán el misil balístico de largo alcance *Aggregat 4* o V2 empleado para bombardear Londres, para coronar los sueños de grandeza del Führer se sumaron también otros científicos del calibre de Fritz Goslau, que colaboró en la bomba volante V1, y el físico Werner Heisenberg, Premio Nobel por sus estudios de mecánica cuántica y que participó activamente en el

LAS EXCUSAS DE HITLER

COLONEL-GENERAL VON BRAUCHITSCH

A finales de 1943, Adolf Hitler convocó a los personajes más destacados del centro de Peenemünde a su cuartel general, la famosa «Guarida del lobo». Junto al Führer estaban los generales Wilhelm Keitel, Alfred Jodl, Walther Buhle, Albert Speer (ministro de armamento y producción bélica) y otros oficiales. El barón Wernher von Braun ilustró las diversas fases de lanzamiento de los *V2* comentando las imágenes filmadas, mientras Walter Dornberger aportaba ulteriores detalles técnicos. Hitler se quedó asombrado por los efectos destructivos de aquel arma y preguntó si era posible producirla en grandes cantidades. Dornberger expuso al Führer las posibilidades de construir dispositivos aún más potentes, al tiempo que enumeraba todas las dificultades para una producción masiva, cosa que hizo enfurecer a Hitler. Von Braun logró apaciguarlo ofreciendo otras explicaciones y, sobre todo, esperanzas. Al término del encuentro el Führer se acercó a Dornberger y a von Braun y les dijo: «Solo hay tres personas en la vida a las que deba excusas: el mariscal von Brauchitsch, al que no escuché cuando insistía en la importancia de vuestro trabajo, y a vosotros dos, porque no creía que lo lograríais. Disculpadme, de verdad...». Este hecho fue narrado por el periodista Luigi Roversa, que se hizo amigo de von Braun y Dornberger cuando ambos trabajaban en proyectos de misiles y espaciales en Estados Unidos.

TEST DE NUEVAS ARMAS
Albert Speer, ministro de armamento y producción bélica, observa unas pruebas de las nuevas armas con el mariscal de campo Erhard Milch en octubre de 1943.

programa para la obtención de armas nucleares. Hitler también supo ganarse a la única casta que habría podido oponerse a su poder, la de los generales. Educados en la escuela prusiana, en un principio arrugaron la nariz ante un «cabo» austriaco de humildes orígenes salido de ninguna parte, pero cuando les garantizó la eliminación de las SA, se pusieron todos a sus órdenes. Escribe William Lawrence Shirer en *Auge y caída del Tercer Reich*: «A partir de agosto de 1934, los generales que hasta ese momento, si hubiesen querido, habrían podido acabar fácilmente con el régimen nazi, se vincularon a la persona de Hitler, reconociéndole como la suprema autoridad legítima y vinculándose a un pacto que debían respetar en nombre del honor, en casi cualquier circunstancia, incluso cuando se trataba de cosas degradantes para ellos y para la patria». Cambió la fórmula de juramento de los militares: ya no consistía en una promesa de fidelidad a Alemania, sino directamente a la persona del Führer del Reich, comandante supremo de las fuerzas armadas, al que estaban dispuestos a ofrendar la vida en todo momento.

PROPAGANDA Y GUERRA

La afirmación y radicalización del nazismo en Alemania fueron también fruto de una hábil propaganda, estudiada hasta en sus mínimos detalles por un genio en ese campo: Joseph Goebbels. En 1933 le fue asignada la tarea de dirigir la recién nacida Cámara de Cultura del Reich, con la cual tenía absoluto control sobre el cine, la música, la imprenta, el teatro, la radio y el arte. Con estos medios de comunicación supo inculcar en el pueblo alemán el ideal de grandeza de la Alemania nacionalsocialista y difundir el odio contra los judíos.

Tras el estallido de la guerra los objetivos de la propaganda de Goebbels cambiaron, porque en aquel momento era necesario exaltar el espíritu de coraje y sacrificio de todos los alemanes para la victoria final sobre el enemigo,

PROPAGANDA
Izquierda. Joseph Paul Goebbels, encargado de la propaganda del Tercer Reich de 1933 a 1945.

ILUSTRACIONES Y CARTELES
Arriba, izquierda. Ilustración propagandística ganadora de un premio al mejor dibujo del año 1940.

Arriba, derecha. Soldado alemán avanzando, con la consigna «La bandera de la victoria».

y en particular sobre los «bárbaros» bolcheviques de Stalin. Cualquier ocasión era buena para fomentar en los hijos de la raza suprema aria la lucha por la afirmación del Reich milenario y la guerra total contra las potencias adversarias. Incluso cuando la guerra parecía irremediablemente perdida, la hábil campaña emprendida con diabólica competencia y fanatismo por Goebbels logró convencer a la mayor parte del pueblo alemán de que aceptara los cada vez mayores sacrificios que se le imponían. Mediante la repetición total o parcial de noticias evidentemente falsas y rígidamente controladas por la cúpula, como la inminente llegada de armas milagrosas *(Wunderwaffe)* que darían la vuelta a la suerte del conflicto, el régimen nazi consiguió alimentar la resistencia del pueblo. Una de las últimas actividades de Goebbels fue la película *Kolberg*, que se remontaba a un episodio de 1807, donde los defensores de una ciudad sitiada se negaban a rendirse y decidían sacrificarse resistiendo hasta el último hombre: consiguían, cuando parecía perdida toda esperanza, un inesperado pacto que ponía fin al asedio.

PROPAGANDA
Página anterior, arriba. El Führer *se dirige al pueblo alemán; el lema en el palco: «¡Dadme cuatro años!».*

LA GUERRA
Abajo, derecha. Oficiales alemanes coordinan las operaciones militares en el frente ruso, que sufrieron un parón en Stalingrado.

Planes de resistencia
Izquierda. Adolf Hitler reunido con los generales para acordar los planes de defensa ante el avance del Ejército Rojo.

Hitler y los generales
Abajo. La bandera de la Unión Soviética es izada en el Reichstag al término de la batalla de Berlín (16 de abril a 2 mayo de 1945).

Bombardeos aliados
Página siguiente, abajo. La ciudad de Dresde, completamente destruida por el terrible bombardeo anglo-estadounidense de 13-14 de febrero de 1945 dirigido a la población civil.

La guerra

Los primeros años fueron triunfales para Alemania. Nadie parecía capaz de frenar su avance, hasta el punto de convencer a Italia. En el verano de 1941 toda Europa, desde la estepa rusa al canal de la Mancha, estaba en manos nazifascistas, pero en un año la situación cambió. La incorporación de Estados Unidos y la tenaz resistencia rusa a las puertas de Moscú debilitaron ese empuje hasta frenarlo por completo. En 1943 comenzó el lento declive y el punto de inflexión fue la derrota en Stalingrado, donde el ejército del general von Paulus cayó ante los soviéticos: a los alemanes no les quedó otra opción que la retirada. Ese verano, tropas angloestadounidenses desembarcaron en Italia forzando la rendición. El verano siguiente se abrió un nuevo frente en Francia tras el desembarco en Normandía. Los Aliados machacaban

LA DESTRUCCIÓN DE LAS INDUSTRIAS ALEMANAS

En mayo de 1940 los británicos iniciaron los bombardeos pesados sobre Alemania, que tres meses después tuvieron como resultado la respuesta de la Luftwaffe. Pese a ganar la batalla en el cielo del canal de la Mancha contra la aviación alemana, lo que redujo sensiblemente los constantes bombardeos de sus ciudades, las acciones continuadas de la RAF contra las ciudades alemanas resultaban totalmente ineficaces. Solo con la entrada en la guerra de Estados Unidos lograron los Aliados superar las defensas de la aviación militar alemana y comenzar una obra de destrucción de objetivos sensibles como refinerías, fábricas y vías de comunicación. Sobre las ciudades alemanas fue arrojada una cantidad inmensa de bombas: baste pensar que se pasó de 10.000 toneladas en 1940 a 500.000 en 1945, hasta un total de 1.350.000. Esta cifra fue muy superior a las 75.000 toneladas de explosivo lanzadas sobre Reino Unido por los bombarderos de la Luftwaffe en toda la guerra.

a diario el territorio alemán con violentos bombardeos que, además de destruir casas y fábricas, hacían languidecer el espíritu guerrero alemán, pese a la propaganda de Goebbels. Cogido entre dos fuegos, el Ejército Rojo en el este y los angloestadounidenses en el sur y el oeste, el ejército alemán resistió un largo año hasta que, agotados sus efectivos y recursos, se rindió después de que el *Führer* se suicidase. En mayo de 1945 terminaba, con más de 50 millones de muertos, el mayor conflicto que hubiese tenido lugar en el continente europeo.

La guerra obligó a los mandos de la Kriegsmarine a renunciar a la construcción de portaaviones, cruceros y buques acorazados como había previsto el Plan Z, ideado para permitir a la Armada alemana enfrentarse a la inglesa en un plano de igualdad. Se decidió optar por los submarinos, cuyas últimas versiones alcanzaron notables prestaciones y eficiencia.

BARCOS Y SUBMARINOS

PLAN Z

PORTAAVIONES Y ACORAZADOS

U-BOOT

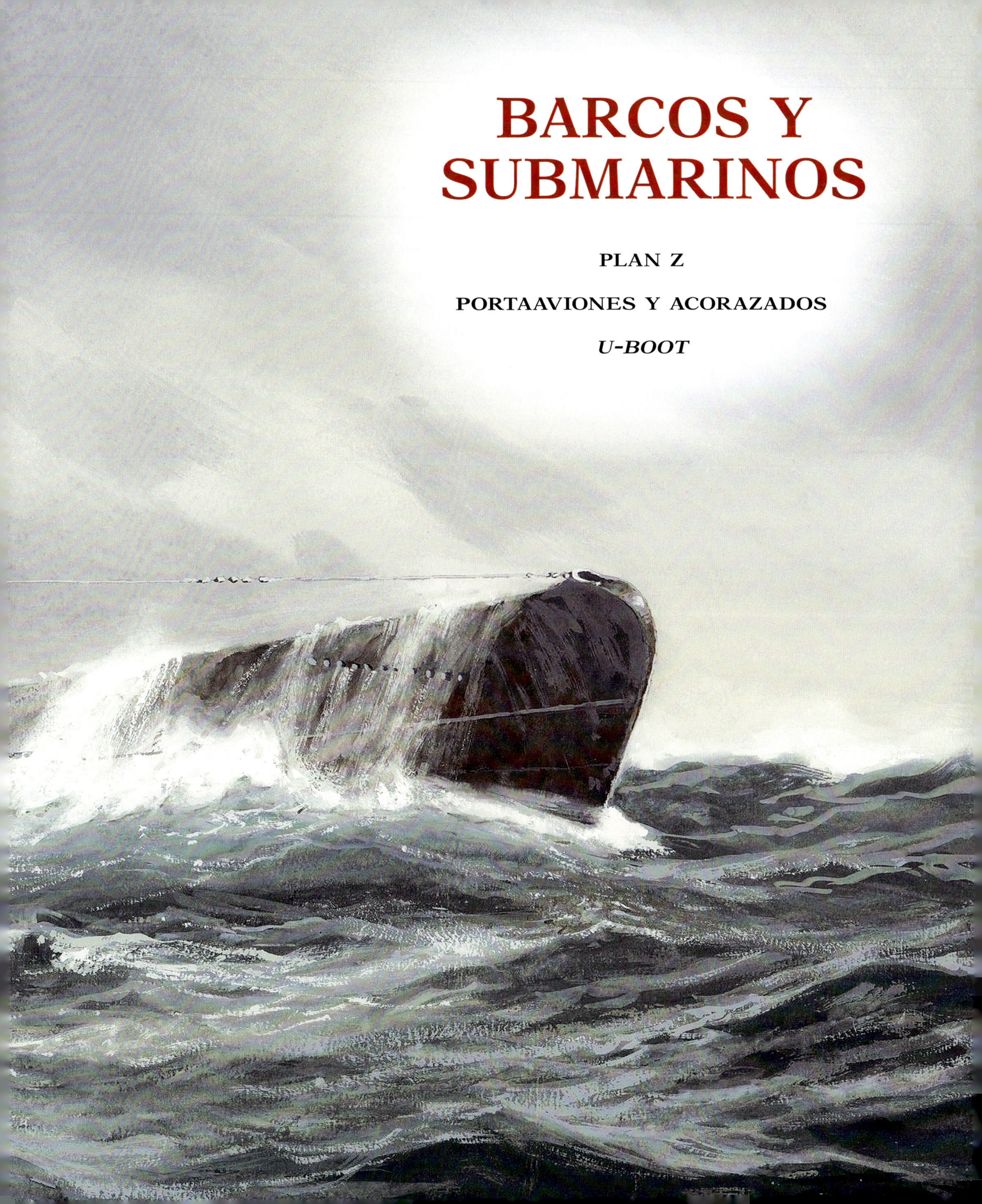

PLAN Z

En enero de 1939, pocos meses antes de la guerra, el alto mando de la Kriegsmarine alemana, obviamente con el beneplácito de Hitler, aprobó un plan muy ambicioso para un amplio programa de construcción de navíos de guerra. Era un intento de colocar a la Armada alemana en situación de enfrentarse a la Royal Navy británica, aún entonces dueña absoluta de los mares.

Tras profundas discusiones en las que se plantearon dos líneas directrices, se decidió construir una impresionante flota de superficie con buques acorazados y naves de gran calibre para estar en condiciones de práctica igualdad con las marinas británica y francesa. La otra opción, construir una flota de sumergibles capaces de atacar con acciones rápidas los barcos enemigos, fue descartada de momento. Tras la firma de Hitler se inició el programa, que preveía la construcción de seis acorazados clase *H*, cuatro portaaviones clase *Graf Zeppelin*, tres

KRIEGSMARINE
Arriba, derecha. Bandera de la Kriegsmarine, *la marina de guerra del Tercer Reich.*

KARL DÖNITZ
Izquierda. El almirante Karl Dönitz, comandante de la Kriegsmarine, sucesor de Hitler y último jefe de la Alemania nazi en 1945.

BUQUES DE GUERRA
El acorazado Bismarck, *fletado en febrero de 1939.*

cruceros de batalla de la proyectada clase *O*, doce acorazados de bolsillo de la clase *P*, seis cruceros pesados de clase *Admiral Hipper* y veintidós (de acuerdo con otras fuentes treinta y seis) *Spähkreuzer*, en la práctica cazatorpederos de grandes dimensiones.

El coste estimado de la operación era de 33.000 millones de *Reichsmark* y se confiaba en poder completar el programa en 1946. No obstante, con el estallido de la guerra en septiembre de 1939, el Plan Z fue dejado a un lado por los altos mandos de la Kriegsmarine y en su lugar se procedió a la fabricación de sumergibles que, además de resultar menos costosos, podían ser producidos en gran cantidad en un tiempo razonablemente corto. Los proyectos ya puestos en marcha, e incluso los portaaviones *Graf Zeppelin* en fase de terminación, avanzaron con mucha lentitud, tanta que esa embarcación nunca entró en servicio.

AERONAVES PARA LOS PORTAAVIONES

El único portaaviones alemán fue el *Graf Zeppelin*, cuya construcción comenzó en 1936. Nunca se concluyó, hasta el punto de que en 1943 fue remolcado a Stettin (actual Szczecin polaco) para ser luego hundido, pocos días antes del final de la guerra, para que no cayese en manos enemigas. Las razones de este fracaso hay que buscarlas en la oposición al proyecto por parte del poderoso comandante supremo de la Luftwaffe, Hermann Göring, celoso de sus propias prerrogativas, que no estaba dispuesto a colaborar con el almirante Erich Raeder, a cargo de su realización. Los aviones que se habrían utilizado a bordo del portaaviones estaban los Junkers Ju 87B y los Messerschmitt Bf 109E-3, especialmente construidos para el despegue y aterrizaje en dicha nave. Las alas eran plegables y los engranajes estaban impermeabilizados para que no sufriesen daños a causa del agua salada.

PORTAAVIONES Y ACORAZADOS

El Plan Z incluía la construcción de cuatro portaaviones, respaldando un proyecto de Hitler solo dos años después de su toma de posesión. La fabricación de la primera nave comenzó el 28 de diciembre de 1936 en los astilleros navales Deutsche Werke AG de Colonia, y su botadura tuvo lugar el 8 de diciembre de 1938, cuando aún faltaban muchas partes de su montaje. Bautizado *Graf Zeppelin* en honor al constructor de dirigibles Ferdinand Graf von Zeppelin, tuvo un destino amargo para un navío de guerra. De hecho, no participó en ninguna operación y fue hundido por los propios alemanes en 1945 para que no cayese en manos rusas. Habría debido contar con 40-42 aviones, 16 cañones en casamatas de montura doble de 150 mm y 12 cañones de 105 mm. El puesto tenía una estructura abierta, con dos hangares superpuestos de 185 y 172 m, y una altura respectiva de 5,66 y 6 m. La longitud total era de 256,20 m. El puente de vuelo, apoyado en los costados del barco, medía 242 m de largo y 30 m de ancho.

Dadas las dificultades para la producción de esta nave, se replanteó primero el proyecto, limitando a dos las unidades a construir, y luego fue definitivamente abandonado. La falta de materiales y las dificultades

LA BOTADURA DEL *GRAF ZEPPELIN*
Izquierda. Botadura del portaaviones: la madrina fue Helene von Zeppelin, hija del conde Ferdinand von Zeppelin, al que estaba dedicada la nave.

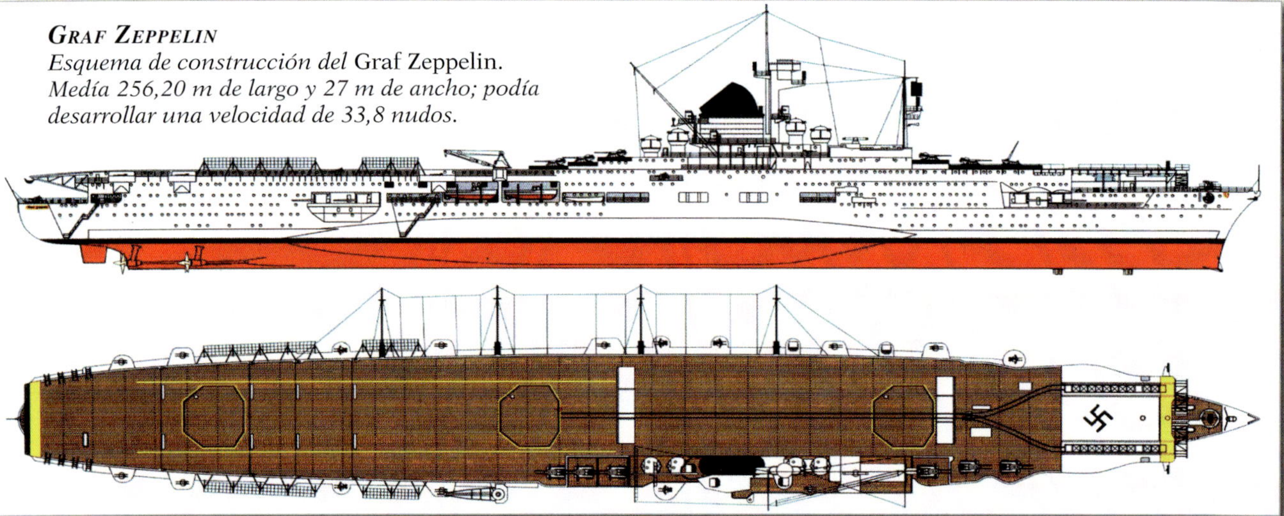

GRAF *ZEPPELIN*
Esquema de construcción del Graf Zeppelin. *Medía 256,20 m de largo y 27 m de ancho; podía desarrollar una velocidad de 33,8 nudos.*

para encontrar personal especializado hicieron que la construcción de su gemelo *Flugzeugträger B* («portaaviones B») en la Friedrich Krupp Germaniawerft AG, quedase interrumpida a los pocos meses. El motivo del fracaso de este proyecto, aparte de la oposición del comandante supremo de la Luftwaffe, Hermann Göring, radicaba en las características técnicas de la embarcación. Solo podía transportar un número limitado de aviones, porque parte del casco estaba ocupado por voluminosas piezas de artillería. Un portaaviones de tales características resultaba totalmente inútil en una flota «moderna», ya que era demasiado pesado para participar directamente en los enfrentamientos y la contribución aérea que podía aportar insuficiente. Hundido en 1945, fue recuperado por los rusos al año siguiente y utilizado como PO-101 (base flotante 101), llegando a ser empleado por la marina y la aviación como objetivo móvil durante unos ejercicios de tiro, y en esta ocasión definitivamente hundido.

Modelo del *Graf Zeppelin*
Arriba. Inicialmente, el portaaviones fue llamado Flugzeugträger A, *para distinguirlo de su gemelo* Flugzeugträger B, *que debía ser construido también por Friedrich Krupp en Colonia.*

El *Graf Zeppelin* tras la botadura
Abajo. El portaaviones Graf Zeppelin *amurado después de la botadura en diciembre de 1938 en el astillero Deutsche Werke de Kiel.*

CLASE *BISMARCK* Y CLASE H
Un acorazado de clase Bismarck *y, al lado, imagen de una unidad de la prevista nueva clase H.*

CAÑONES DE 40,6 MM PARA LA CLASE H

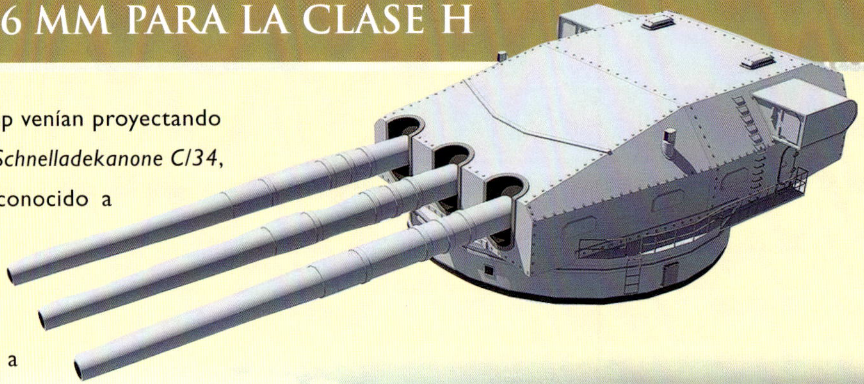

Hasta 1934, las industrias Krupp venían proyectando un gran cañón naval llamado *Schnelladekanone C/34*, abreviado en 40,6 cm SK C/34, conocido a veces como *Adolfkanone* (cañón de Adolf), pensado en origen para los buques de combate de clase J y H, jamás realizados. Destinado a ser montado en parejas en las torretas de los acorazados, al final fue dedicado a la protección costera y entró en servicio en 1942. Posteriormente fue usado en Polonia para proteger la bahía de Dánzig (Gdanks), desmontado y vuelto a montar en Noruega (en Steigen, en la isla Engeløya y en Trondenes Fort, donde muchos prisioneros rusos fueron empleados en la construcción de las casamatas) y en Francia, en Pas-de-Calais, el punto más próximo entre Inglaterra y Europa continental, lugar desde el que era posible bombardear las naves enemigas en el canal y las instalaciones militares costeras que había enfrente. Los cañones se utilizaban de uno en uno, no en parejas, y se colocaban sobre torretas con una protección de cemento de aproximadamente 4 m; entre 1940 y 1945, efectuaron 2.226 disparos en dirección a Dover. Este potente cañón tenía un calibre de 40,6 mm, medía 21,5 m de longitud y pesaba 158 t. Era capaz de disparar cada dos minutos y poseía un radio de acción de entre 42 y 56 km, en función del tipo de proyectiles usados, normales o para larga distancia. El ángulo de elevación era de 52° y contaba con proyectiles de tres tipos: L/4.2, L/4.8 y L/4.4, que pesaban respectivamente 1.030 kg los dos primeros (que podían alcanzar una velocidad de 1.000 m/s) y 600 kg el tercero (con una velocidad de 800 m/s).

Los acorazados

También tuvieron una vida breve los dos acorazados gemelos construidos antes de comenzar la guerra y que entraron en servicio en 1941.

El *Bismarck* y el *Tirpitz* fueron sin duda los mejores barcos acorazados utilizados durante la Segunda Guerra Mundial, aunque por una serie de trágicas circunstancias no pudieron demostrar su superioridad absoluta frente a los potentes buques de combate británicos.

Proyectados para ser los mejores de su categoría, poseían la tecnología más avanzada y estaban armados con 4 torres de 380/52 mm SK C/34, capaces de disparar hasta a 36 km (mucho menos que las piezas de 280 mm) mediante el uso de dos cargas de lanzamiento (99,5 y 112 kg) para obuses de 800 kg a 820 m/s.

El *Bismarck* fue botado en el astillero Blohm & Voss de Hamburgo el 14 de febrero de 1939. Tuvo su primera y única misión en el Atlántico, el 27 de mayo de 1941, tras un dramático enfrentamiento con barcos ingleses en el transcurso del cual hundió el barco de guerra *Hood*. Posteriormente fue perseguido y hundido por los Aliados.

La suerte del *Tirpitz* fue todavía peor: botado en los astilleros Kriegsmarine Werft de Wilhelmshaven el 1 de abril de 1939, no tomó parte en ninguna operación naval y pasó unos años en el interior de los fiordos noruegos antes de ser hundido por torpedos británicos el 12 de noviembre de 1944 en el fiordo de Tromsö, en Noruega.

Medalla al valor
Arriba. Una Flotten-Kriegsabzeichen, *condecoración de la Kriegsmarine por méritos durante el servicio a bordo de acorazados y cruceros de guerra en alta mar, creada en 1941.*

Cañones navales
Izquierda, arriba. Estructura defensiva (barbeta) de un par de cañones del acorazado clase Bismarck.
Izquierda, abajo. Cañón de 40,6 mm previsto para acorazados de clase H. En origen fue proyectado para defensa costera: en ese caso, las bozas eran de cemento armado en vez de acero como en el barco.

U-BOOT

Una vez descartado el Plan Z, la marina alemana se centró en la construcción de sumergibles, naves más sencillas de producir, menos costosas y capaces de provocar serios daños a la marina británica, sobre todo a la hora de obstaculizar el suministro por el mar con el que Estados Unidos y Canadá abastecían a Reino Unido.

En los primeros años de guerra representaron una pesadilla para los británicos, ya que resultaba casi imposible frenar un ataque, pero con el paso del tiempo, gracias a mejores tácticas de protección de

FÁBRICAS Y BÚNKERES PARA *U-BOOT*

Los *U-Boot* eran reparados dentro de unos búnkeres diseñados para protegerlos de eventuales ataques aéreos. También se construían en búnkeres los submarinos. Estos espacios tenían que ser capaces de alojar oficinas, instalaciones médicas, servicios sanitarios, generadores, ventiladores, cañones antiaéreos y alojamiento para el personal de tierra y las tripulaciones de otros submarinos. Además de los talleres de reparaciones, el búnker tenía que contar con plantas de depuración de agua, instalaciones eléctricas, estructuras a prueba de radio, piezas de recambio, explosivos, municiones y carburante.

U-Boot *tipo XXI*
Un submarino U-Boot tipo XXI *en el puerto de Bremerhaven, en Alemania, acondicionado como barco-museo.*

Plano de U-Boot *tipo XXI*
Esquema técnico de un U-Boot tipo XXI*, con los detalles de equipamiento, dos motores* MAN *diésel de 6 cilindros, tubos de lanzamiento de los torpedos y cañones antiaéreos,con dibujo de las cuatro secciones del casco.*

los convoyes de los barcos de carga, la invención del sónar (capaz de detectar un objeto bajo el agua mediante la reflexión de ondas sonoras), el empleo de bombas de profundidad y el descifrado del código *Enigma* usado por los alemanes, fue posible contraatacar. Al final, la flota de *U-Boot* fue diezmada en la conocida como batalla del Atlántico. La Kriegsmarine alemana perdió 789 unidades de 1.157 y alrededor de 30.000 hombres de un total de 50.000.

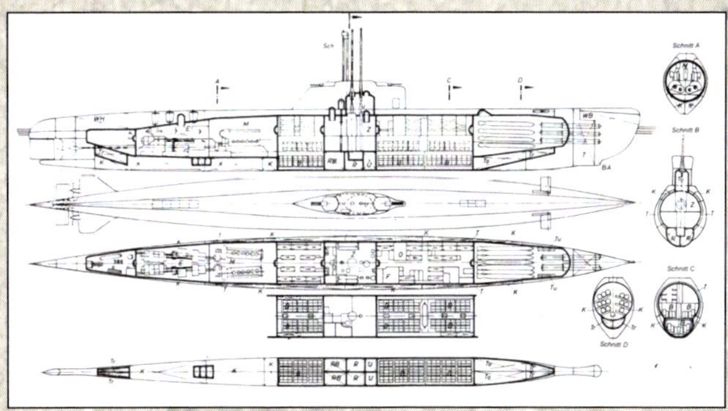

U-Boot tipo XXI

Incluso cuando la suerte de la guerra estaba ya definitivamente echada, los alemanes centraron todos sus esfuerzos en proyectar submarinos de dos modelos, que representan los prototipos de los sumergibles modernos, y en el desarrollo de los cuales se basan todos los submarinos que hoy operan en las principales armadas del mundo. Su peculiar característica consistía en

Primer choque entre *U-Boot* y la Royal navy
El portaaviones británico HMS Courageous*, alcanzado por torpedos de un* U-Boot *alemán el 17 de septiembre de 1939, al inicio del conflicto. La nave se hundió en 20 minutos junto a 519 miembros de la tripulación.*

La torreta tenía como finalidad elevar sobre el plano de flotación la portilla de acceso del puente.

La cámara de lanzamiento de los torpedos se usaba también para alojar equipo.

el hecho de que podían funcionar de manera estable durante la inmersión, a diferencia de modelos anteriores, que se sumergían solo para atacar al enemigo o para escapar a un ataque, pero que normalmente navegaban en superficie.

Todo esto fue posible gracias a un nuevo diseño del casco, mucho más hidrodinámico que su predecesor, y a baterías eléctricas que tenían una carga tres veces superior a las del tipo VIIC. Volvió a instalarse el cañón en el puente, un objeto que entorpecía el camino bajo el agua y que era innecesario en los enfrentamientos en la superficie. Se aumentó el espacio interno para poder albergar un mayor número de torpedos y, sobre todo, se instaló el sistema hidráulico para la recarga rápida y simultánea de los seis tubos lanzatorpedos, lo que garantizaba al tipo XXI un volumen de fuego de 18 torpedos en menos de 20 minutos. Estos submarinos llevaban a bordo un detector de amenazas por radar, el FuMB-35 *Athos*, dotado

INTERIOR DEL *U-BOOT*

Arriba. Escalera de acceso a la torreta y la escotilla de un U-Boot *2540.*

Centro. Tubos de lanzamiento de los torpedos del U-Boot Wilhelm Bauer *(ex* U-Boot *2540 tipo XXI) hoy en el Museo del astillero Seebeck, en Bremerhaven.*

Abajo. Reconstrucción de la cámara de torpedos de un U-Boot *tipo XXI, con el marinero encargado del mecanismo de lanzamiento.*

El programa *Rocket U-Boot*
Alojamiento de un misil V2 para el lanzamiento desde un submarino. El programa alemán de 1941 preveía utilizar la unidad U-511 de la clase U-Boot *tipo IX-C de la que sobresalían los misiles de la parte superior, tanto en superficie como bajo el agua, hasta 12 metros. El proyecto fue considerado de nuevo en 1943 para intentar utilizar la bomba volante V1 que ya estaba operativa, pero la idea quedó postergada. En 1944 se recuperó dentro de la operación en código* Prufstand XII *(ataque a Nueva York), contando con emplear los misiles V2, que podían ser instalados en* U-Boot *tipo XXI. Tras la guerra, tanto Estados Unidos como la Unión Soviética retomaron la idea de lanzar misiles desde submarinos.*

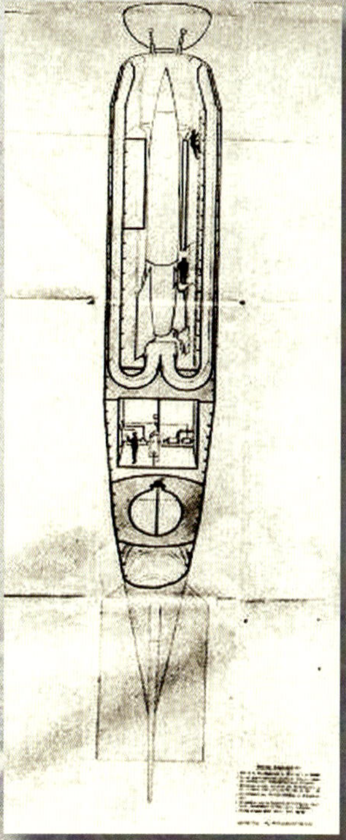

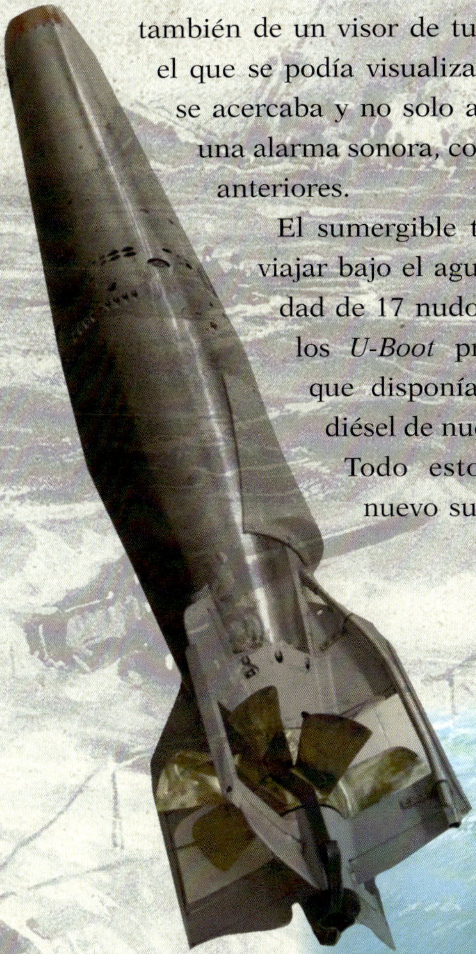

también de un visor de tubo catódico en el que se podía visualizar el objeto que se acercaba y no solo avisar mediante una alarma sonora, como en modelos anteriores.

El sumergible tipo XXI podía viajar bajo el agua a una velocidad de 17 nudos (el doble que los *U-Boot* precedentes), ya que disponía de un motor diésel de nueva generación. Todo esto convertía al nuevo submarino en un arma formidable, capaz de plantear graves desafíos a la superioridad en los mares de las flotas aliadas, pero la complejidad exigía un esfuerzo en la producción que Alemania, a estas alturas en plena crisis, no estaba en condiciones de mantener, por lo que solo llegaron a estar operativos dos *U-Boot* tipo XXI de las 118 unidades construidas.

U-Boot tipo XXIII
Sumergible, uno de los más avanzados de la época: al igual que el Tipo XXI, podía operar sumergido.

Torpedos en los *U-Boot*
Podían alcanzar una velocidad de hasta 40 nudos y llevaban una carga explosiva de 300 kg de trinitrotolueno.

U-BOOT TIPO XXIII

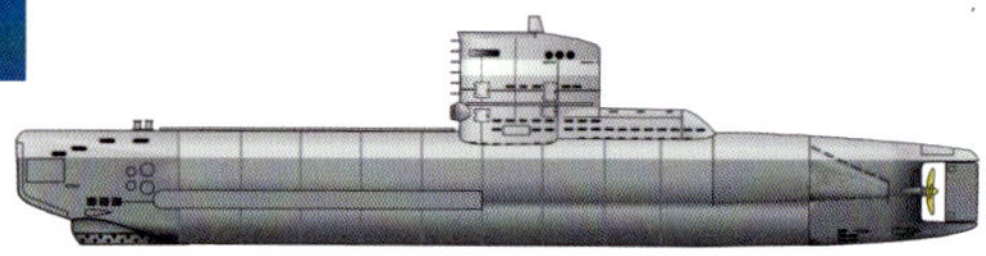

LONGITUD	34,7 M
ANCHURA	3 M
VELOCIDAD EN SUPERFICIE	9,7 NUDOS
VELOCIDAD EN INMERSIÓN	12,5 NUDOS
AUTONOMÍA EN SUPERFICIE	2.600 MILLAS A 8 NUDOS (4.800 KM A 15 KM/H)
AUTONOMÍA EN INMERSIÓN	194 MILLAS A 4 NUDOS (359 KM A 7,4 KM/H)
TRIPULACIÓN	14-18 HOMBRES
AUTONOMÍA	2.600 MILLAS NÁUTICAS A 8 NUDOS
ARMAMENTO	2 LANZATORPEDOS CON 2 TORPEDOS DE 533 MM

U-Boot tipo XXIII

En los últimos meses de la Segunda Guerra Mundial entraron en acción pequeños sumergibles costeros diseñados para operar en aguas poco profundas del mar del Norte, el mar Negro y el Mediterráneo, donde los grandes sumergibles de tipo XXI, de los que eran una copia a escala reducida, podían verse en dificultades. Gracias a sus ridículas dimensiones, solo llevaban dos torpedos y por eso actuaban cerca de las bases, en las que podían reabastecerse una vez lanzados los torpedos.

Los submarinos tipo XXIII demostraron unas excelentes características de manejo, tanto en superficie como bajo el agua. Podían sumergirse hasta una profundidad de 180 m y alcanzaban una velocidad máxima en inmersión de 12,5 nudos (23,2 km/h), 9 nudos en

EL DETECTOR DE AMENAZAS: RADAR FUMB 350 *NAXOS*

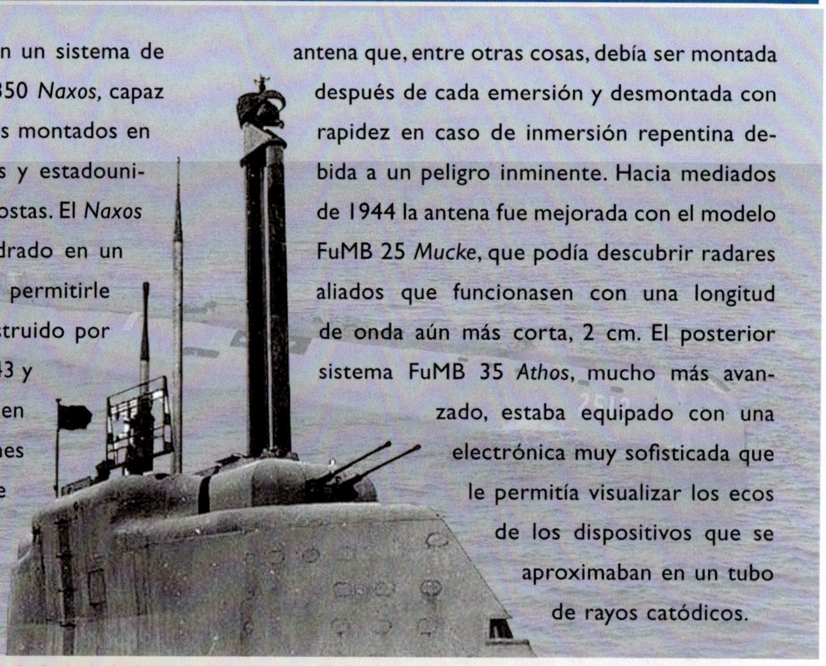

La serie *U-Boot* tipo XXI contaba con un sistema de detección lumínica, el radar FuMB 350 *Naxos*, capaz de identificar la luz de radares como los montados en los dispositivos antisubmarinos ingleses y estadounidenses, que operaban a lo largo de las costas. El *Naxos* detectaba cuando el *U-Boot* era encuadrado en un radar con suficiente antelación para permitirle sumergirse y alejarse de la costa. Construido por NKV/Telefunken, fue introducido en 1943 y gradualmente mejorado. Eso permitía, en las últimas versiones, localizar posiciones de radar con una longitud de onda de entre 3 y 12 cm hasta una distancia de 8 km. Al principio, el operador estaba obligado a accionar manualmente la antena que, entre otras cosas, debía ser montada después de cada emersión y desmontada con rapidez en caso de inmersión repentina debida a un peligro inminente. Hacia mediados de 1944 la antena fue mejorada con el modelo FuMB 25 *Mucke*, que podía descubrir radares aliados que funcionasen con una longitud de onda aún más corta, 2 cm. El posterior sistema FuMB 35 *Athos*, mucho más avanzado, estaba equipado con una electrónica muy sofisticada que le permitía visualizar los ecos de los dispositivos que se aproximaban en un tubo de rayos catódicos.

SUBMARINOS DE BOLSILLO
El más famoso construido durante la Segunda Guerra Mundial fue el U-Boot *tipo XXVII,* Seehund*, con una tripulación de solo dos hombres, 17 m de largo y armado con dos torpedos. La última acción de dos* Seehund *fue el reabastecimiento de Dunkerque, con el transporte de dos contenedores de avituallamiento en vez de torpedos.*

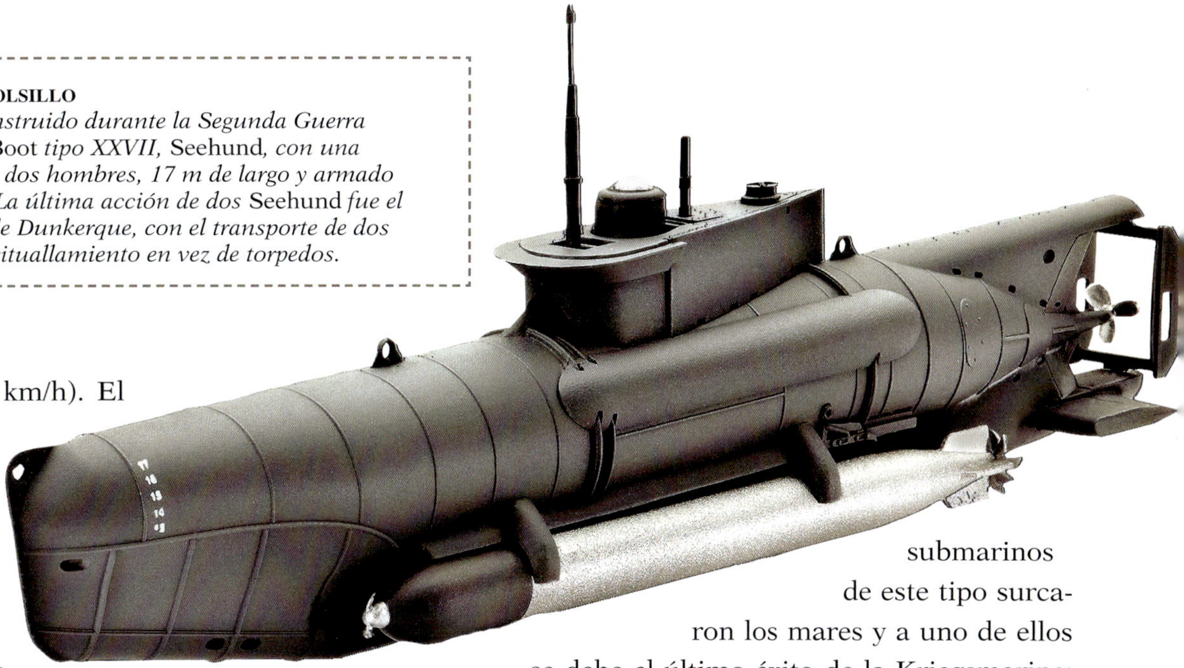

la superficie (17 km/h). El primer *U-Boot* operativo de esta clase fue el U-2324, que zarpó del puerto noruego de Kristiansand el 29 de enero de 1945 para combatir frente a los puertos británicos de Aberdeen y Newcastle. En los meses siguientes, otros submarinos de este tipo surcaron los mares y a uno de ellos se debe el último éxito de la Kriegsmarine: el 8 de mayo, pocas horas antes de la rendición de Alemania, el U-2336 hundió al buque de vapor noruego *Sneland I* y al británico *Avondale Park*.

Reconstrucción de la sala de control de un U-Boot construido en la fábrica-búnker de Mamerki, en Polonia.

La Luftwaffe, nacida como organización clandestina, no salió a la luz hasta 1935. A partir de ese momento llevó a cabo un importante programa militar que condujo a la construcción de más de 4.000 dispositivos.

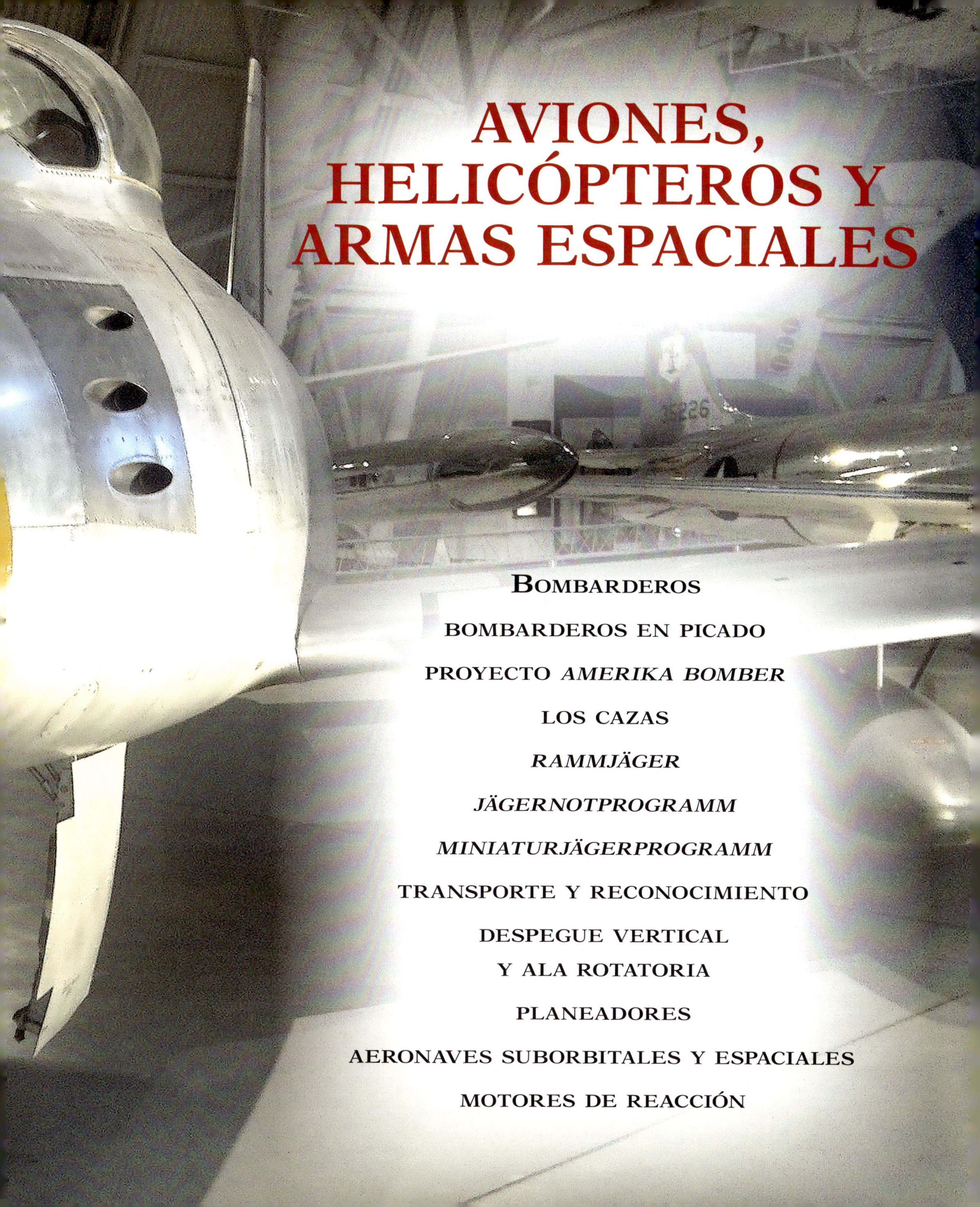

AVIONES, HELICÓPTEROS Y ARMAS ESPACIALES

BOMBARDEROS

BOMBARDEROS EN PICADO

PROYECTO *AMERIKA BOMBER*

LOS CAZAS

RAMMJÄGER

JÄGERNOTPROGRAMM

MINIATURJÄGERPROGRAMM

TRANSPORTE Y RECONOCIMIENTO

DESPEGUE VERTICAL
Y ALA ROTATORIA

PLANEADORES

AERONAVES SUBORBITALES Y ESPACIALES

MOTORES DE REACCIÓN

BOMBARDEROS

PRODUCCIÓN DEL HEINKEL HE 111
Arriba. Interior de la planta de Ernst Heinkel Flugzeugwerke A.G., donde se montaban los He 111.

DE BOMBARDERO A AVIÓN DE ARRASTRE
Centro. Desarrollado a partir del He 111, el Heinkel 111 Z fue diseñado para poder remolcar grandes planeadores de transporte táctico.

JUNKERS JU 488
Abajo. Un bombardero Ju 488 en la pista de vuelo.

Durante el conflicto los alemanes intentaron tapar la gran brecha de fuerzas, que les hacía sucumbir frente a sus adversarios, con la constante búsqueda de novedades tecnológicas en todos los sectores del armamento: la historia tiene la respuesta a cómo terminó este choque desequilibrado, aunque en especial en el campo de la aviación y los misiles lograron obtener resultados que en la posguerra permitieron a los vencedores rusos y estadounidenses llevar a cabo una revolución tecnológica de alcance verdaderamente histórico.

Bombarderos con motores a pistón

La primera clase de bombarderos construida en Alemania poco antes del comienzo de la guerra fue la de los Heinkel. A inicios de la década de 1930, el ingeniero aeronáutico Ernst Heinkel había proyectado un avión de pasajeros que resultó ser el más veloz del mundo. Cuando el Comisariado del Reich para la Aeronáutica decidió reconvertir en bombarderos aeronaves de pasajeros, la elección recayó en este modelo: nació así el Heinkel He 111. En el transcurso del conflicto este modelo sufrió modificaciones que dieron vida al Heinkel He 177, un bombardero estratégico, hasta llegar al final al Heinkel He 274, del que se hizo solo un prototipo en la Francia ocupada. Cuando llegaron los aliados a las instalaciones, los alemanes intentaron destruir el aparato, pero no tuvieron éxito en la empresa, así que los franceses se hicieron con él y, tras reparar los leves desperfectos, lo rebautizaron AAS 01A, haciéndolo despegar con éxito en diciembre de 1945 de la base aérea 123 Orléans-Bricy y asignándolo al ejército del aire, que lo utilizó hasta finales de 1953 en la investigación del vuelo a gran altura.

Horten Ho 229
Arriba. Restos de un cazabombardero Ho 229 V3 expuestos en el National Air and Space Museum de la Smithsonian Institution de Washington, donde se halla la mayor colección de aeronaves y astronaves del mundo.

Abajo. Recreación del Horten Ho 229.

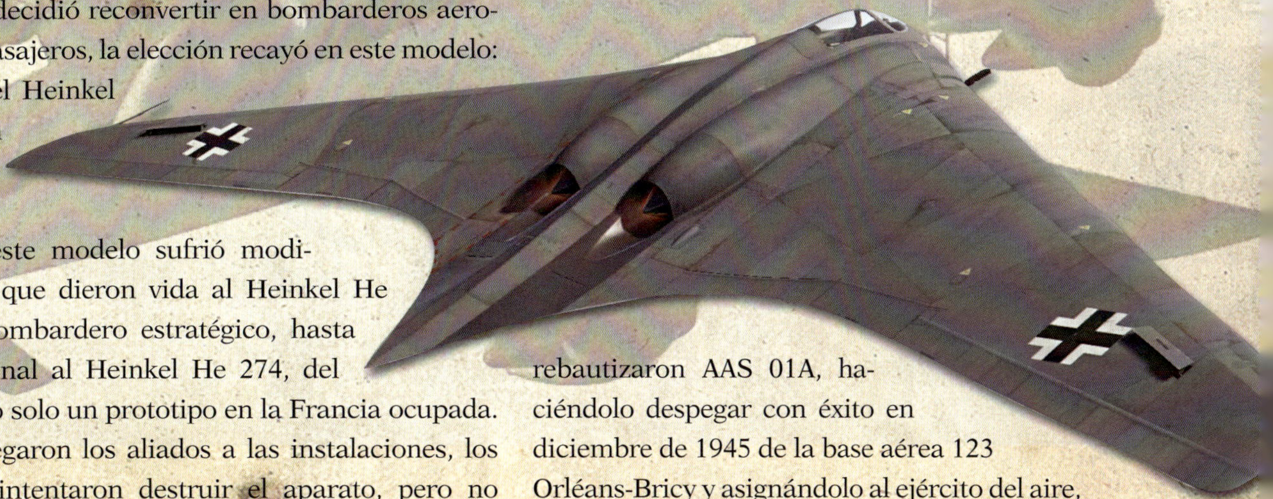

El otro bombardero alemán fruto de la nueva tecnología fue el Junkers Ju 287 V1, caracterizado por una configuración de las alas revolucionaria en forma de flecha invertida. Fue el primer aparato de la historia que usó esta solución. Nacido para transportar a larga distancia una cantidad importante de bombas volando a gran altura, tenía una velocidad capaz de contrarrestar la de los nuevos cazas enemigos. Contaba con motores turbo de nueva generación, que ya habían alcanzado un buen grado de fiabilidad.

JUNKERS JU 287

Longitud	18,28 m
Envergadura	20,10 m
Ala en flecha invertida	23° negativa
Peso de carga	22. 250 kg
Velocidad máxima	814 km/h a 3. 000 m
Autonomía	1 .576 km
Motor	4 turborreactores Junkers Jumo 004 B-1
Fabricante	Junkers GmbH
Unidades producidas	2

Proyectado en 1943, realizó su primer vuelo de prueba en agosto del año siguiente. Obtuvo óptimos resultados en las pruebas, que permitieron recoger importantes datos para utilizarlos en futuros proyectos. La velocidad máxima alcanzada fue de 560 km/h a 6.000 m de altura, que se convertían en 650 km/h en picado,

Heinkel He 177 *Greif*
Arriba. El bombardero He 177 con su tripulación a la espera de embarcar para una misión en septiembre de 1944.

La batalla de Inglaterra
Fotomontaje de propaganda nazi que muestra un bombardero He 111 sobre Londres durante la fase de bombardeo de la ciudad en septiembre de 1940, ordenado a la Luftwaffe tras los repetidos bombardeos británicos sobre muchas ciudades alemanas

LOS *MISTEL*

Los *Mistel* eran aeronaves usadas por la *Kampfgeschwader 200*, una unidad especial y secreta de la Luftwaffe, encargada del bombardeo de objetivos particulares y de colaborar con fuerzas especiales en infiltraciones más allá de las líneas enemigas. Dos aparatos unidos entre sí despegaban juntos hacia la meta prevista. Eran conducidos por el piloto de uno de los dos aparatos y, al acercarse al objetivo, desenganchaba el otro avión, al cual seguía guiando por medio de un dispositivo remoto hasta hacerlo chocar contra el objetivo. En la combinación más utilizada, un avión de caza con piloto se situaba sobre un bombardero Junkers Ju 88 provisto de una ojiva repleta de explosivos en el lugar que ocupaba el habitáculo. El primer modelo era una combinación de un Messerschmitt Bf 109 en la versión F-4 y como bombardero el Ju 88. A continuación, el Ju 88 fue sustituido por el Heinkel He 177, cuyas unidades habían resultado poseer poca utilidad operativa. La velocidad de crucero de estos dispositivos dobles alcanzaba alrededor de 380 km/h. Los *Mistel* fueron empleados por primera vez contra las tropas aliadas el 24 de junio de 1944, durante las sucesivas operaciones de desembarco en Normandía. Fueron atacadas con éxito algunas embarcaciones ancladas entre Cherburgo-Octeville y Le Havre, que fueron hundidas.

con un techo de vuelo de 10.800 m y un radio de acción de 1.500 km. Se mantenían los problemas relativos a las bajas velocidades, por lo que comenzó la construcción de un modelo posterior más evolucionado.

Así nació el Junkers Ju 287 V2 que tenía un fuselaje completamente renovado y la motorización incrementada a seis motores BMW 003 A-1 de 800 kg, montados en dos grupos de tres y situados bajo las alas. Mientras se procedía rápidamente a la realización del proyecto, la ofensiva rusa obligó a los alemanes a abandonar la fábrica y con ella el modelo, que cayó en manos de los soviéticos, que también capturaron al ingeniero Wocke, su diseñador.

HEINKEL HE 177 *GREIF*
El bombardero pesado más fabricado durante la Segunda Guerra Mundial.

BOMBARDEROS EN PICADO

El *Sturzkampfflugzeug*, «avión de combate en picado», Junkers Ju 87 StuKa, conocido comúnmente como *Stuka*, fue uno de los mejores bombarderos de precisión de la Segunda Guerra Mundial. El *Stuka* apuntaba a su objetivo en tierra y se lanzaba en picado alcanzando una aceleración de más de 6 G antes de soltar con precisión la bomba y maniobrar de nuevo hacia lo alto. El aparato llevaba dos militares, un piloto y un ametrallador de cola. Pese a su tremenda eficacia como bombardero, era vulnerable, lento y poco maniobrable en comparación con los cazas aliados y, sin protección adecuada, era fácil presa en el cielo. Se construyeron más de 5.700 unidades en una veintena de versiones. Fue empleado en todos los frentes y, a pesar de sus limitaciones, es considerado una piedra angular en la historia de la aviación. Otros constructores alemanes hicieron propuestas a la Luftwaffe para reemplazar los *Stuka* que ofre-

JUNKERS JU 87 *STUKA*

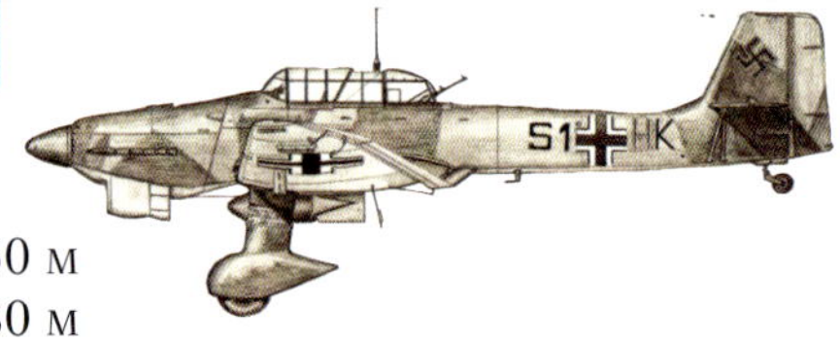

Longitud	11,50 m
Envergadura	13,80 m
Altura	3,90 m
Peso en vacío	1,1/2,8 tm
Capacidad de carburante	3.900 kg
Velocidad máxima	410 km/h a 3.840 m
Motor	Junkers Jumo 211J-1
Fabricante	Junkers GmbH
Unidades producidas	5.709 en siete versiones

Blohm & Voss P.178
Arriba. Modelo del caza P.178 para bombardeo en picado con la característica estructura asimétrica.

Técnica de picado
Centro, derecha. Esquema de bombardeo en picado realizado por un Stuka. *El aparato se dirigía casi en vertical a su objetivo y al aproximarse soltaba una bomba, obteniendo así una gran precisión de tiro, antes de maniobrar para el ascenso.*

cían otras mejoras sustanciales. Entre ellos, la empresa Blohm & Voss presentó su modelo Blohm & Voss P.192-01, que no pasó de la fase de proyecto. Otra propuesta fue la formulada por el ingeniero Alexander Lippisch que, en 1945, había sugerido utilizar para el bombardeo en picado un planeador, el *Lippisch Gleiter Bombenflugzeug*. Debía ser llevado a gran altura y soltado a unos 10 km del objetivo; la altitud le habría permitido alcanzar una velocidad muy elevada y, después de haber lanzado la carga explosiva y reducido así el peso, se habría ralentizado su caída con un globo instalado en la parte trasera.

Henschel Hs 132
Modelo del avión de reacción multitarea producido por la Henschel Flugzeugwerke AG.

HENSCHEL HS 132

El Henschel Hs 132 era un prototipo de aparato multitarea desarrollado por la fábrica alemana Henschel Flugzeugwerke AG. Dotado de un motor a turborreacción BMW 003 A-2, este vehículo había sido diseñado para ser empleado como bombardero en picado o como caza de interceptación, pero no llegó a entrar en servicio en la Luftwaffe a causa de las condiciones en las que se hallaba la industria alemana en las últimas fases del conflicto. Una de sus características es que obligaba al piloto a colocarse tumbado boca abajo debido al poco espacio disponible en la cabina. El bombardero portaba solamente una bomba de 500 kg y carecía de otras armas ofensivas o defensivas, porque su velocidad hacía imposible la interceptación por parte del caza enemigo; el Henschel Hs 132 alcanzaba una velocidad en picado de más de 800 km/h soportando una aceleración continua de 12 g. Esto lo convertía también en un objetivo muy difícil de golpear por la aviación enemiga. El proyecto tenía previstas cuatro versiones: la Hs 132A empleaba la aeronave como bombardero en picado; la Hs 132B era la versión de interceptación; la Hs 132C se destinaba para ataque a tierra, y la Hs 132D contaba con un aumento en la envergadura de las alas, 9,1 m frente a los 7,20 m originales.

PROYECTO *AMERIKA BOMBER*

El *Reichsluftfahrtministerium*, el Ministerio del Aire de Alemania, ya había pensado antes de la guerra en la realización de un bombardero capaz de recorrer grandes distancias, pero cuando Estados Unidos manifestó abiertamente su apoyo a Gran Bretaña, la idea se convirtió en una exigencia que dio vida al proyecto *Amerika Bomber.* Se trataba de construir bombarderos de largo alcance que pudieran alcanzar la costa este de Estados Unidos y, tras soltar su carga de bombas, regresar a la base. Nunca se habían construido aviones que pudieran cubrir ese trayecto, así que los técnicos alemanes pusieron manos a la obra buscando modificar modelos ya existentes para otorgarles las prestaciones requeridas.

JUNKERS JU 390
Arriba. El prototipo V1 que efectuó el primer vuelo en agosto de 1943. Luego vino el prototipo V2, probado en octubre del mismo año.

HEINKEL HE 277
Página siguiente, arriba. El bombardero cuatrimotor tenía una autonomía de 6.250 km.

JUNKERS JU 390

El primer aparato estudiado fue el *Junkers Ju 390*, un avión multitarea con seis motores, ala baja y empenaje bideriva, desarrollado por la Junkers Flugzeug- und Motorenwerke AG en los primeros años de la década de 1940 y en fase de prototipo.

FOCKE-WULF TA 400
Bombardero dotado de seis motores radiales BMW 801D.

Se alargó el fuselaje y se aumentó la sección de las alas para alojar un nuevo motor; una vez modificado, se procedió a la construcción de tres ejemplares concluidos en 1944. Se dice que uno de ellos voló hasta un punto situado a solo 20 km de Nueva York, pero ninguno de los tres llegó a estar operativo.

Focke-Wulf Ta 400

Otro vehículo proyectado para bombardear Estados Unidos fue el Focke-Wulf Ta 400. El responsable de la oficina de proyectos de la Focke-Wulf, Kurt Tank, diseñó un aparato de ala alta con una larga sección rectilínea central, que sería impulsado por seis motores radiales BMW 801D. Estaría equipado con 32 depósitos de combustible, 8 en el fuselaje y 24 en las alas, 12 a cada lado, para disponer de una autonomía de vuelo que garantizase el viaje de ida y vuelta. El proyecto no fue ejecutado y sus prestaciones son solo fruto de estimaciones.

Objetivos a atacar en EE. UU.

El plan contemplaba el bombardeo de los siguientes 19 objetivos, todos de importancia militar y situados en la costa este de Estados Unidos:

Aluminum Company of America, Alcoa, Tennessee.
Aluminum Company of America, Massena, Nueva York.
Aluminum Company of America, Badin, Carolina del Norte.
Wright Aeronautical Corporation, Paterson, Nueva Jersey.
Pratt & Whitney Aircraft, East Hartford, Connecticut.
Allison Transmission (General Motors), Indianápolis, Indiana.
Wright Aeronautical Corporation, Cincinnati, Ohio.
Hamilton Standard Corp., Hartford, Connecticut.
Hamilton Standard Corp., Pawcatuck, Connecticut.
Curtiss-Wright Corp., Beaver, Pensilvania.
Curtiss-Wright Corp., Caldwell, Nueva Jersey.
Sperry Gyroscope Company, Brooklyn, Nueva York.
Cryolite Refinery, Pittsburgh, Pensilvania.
American Car and Foundry Company, Berwick, Pensilvania.
Colt's Manufacturing Company, Hartford, Connecticut.
Chrysler Corp., Detroit, Michigan.
Allis-Chalmers, La Porte, Indiana.
Corning Glass Works, Corning, Nueva York.
Bausch & Lomb, Rochester, Nueva York.

Prototipos revolucionarios

Hasta ahora hemos ilustrado aeronaves resultado de modificaciones de aparatos preexistentes, pero los diseñadores alemanes no se limitaron a eso y pusieron en juego todas sus competencias técnicas para concebir dispositivos revolucionarios desde todos los puntos de vista. El descubrimiento de los motores de reacción abrió el campo a nuevas posibilidades, que superaban el esquema del avión tradicional y permitían variar la forma para obtener mejores resultados en el campo de la velocidad y de la autonomía. Así fue como en diciembre de 1943, bajo la dirección del ingeniero Walter Laute, el departamento técnico de Arado Flugzeugwerke comenzó a preparar en su instalaciones de Landeshut, en Silesia, una serie de proyectos relativos a una configuración tecnológicamente avanzada basada en el principio del ala volante. Se trataba de vehículos constituidos exclusivamente por el ala, sin fuselaje. La dirección del *Reichsluftfahrtministerium* aprobó este enfoque y pidió un bombardero rápido de largo alcance, capaz de transportar una carga bélica equivalente a 4.000 kg bombas para lanzar, con un radio de acción de 5.000 km. Durante los meses que siguieron se pasó a la fase operativa, pero a finales de 1944 la Comisión para el desarrollo de armamento aeronáutico mandó detener toda la actividad de investigación, por lo que del nuevo aparato apenas quedaron más que unos pocos dibujos.

Arado E.555
Arriba y abajo. Dibujos del bombardeo de ala volante, que no pasó de ser un proyecto.

Horten H.XVIII
Ilustración que recrea el ala volante proyectada por los hermanos Walter y Reimar Horten, desarrollando a mayor escala la versión de otro prototipo, el del bombardero ligero Horten Ho 229. La carga de carburante que preveía habría sido suficiente para permitir el vuelo del aparato hasta Estados Unidos.

LA SUSPENSIÓN DEL PROYECTO *AMERIKA BOMBER*

El 28 de diciembre de 1944 la *Entwicklungshauptkommission* (ESK), la comisión principal para el desarrollo de armamento aeronáutico, dirigida por Kurt Tank (a cargo también de la *Entwicklungskommission Nachtjagd,* la comisión para el desarrollo de interceptores destinados a operaciones nocturnas), ordenó el cese de los proyectos relativos al *Amerika Bomber,* al margen de si se había realizado ya o no un prototipo. La decisión, que afectaba también a otros muchos proyectos de dispositivos con tecnología muy avanzada para la época, obedecía a la necesidad de centrar todos los esfuerzos productivos de la industria alemana en modelos que ya estuvieran en la línea de producción con el fin de poder reemplazar en breve tiempo las unidades de la Luftwaffe perdidas durante las últimas fases de la guerra en combates sobre Alemania, para hacer frente a los bombarderos y los cazas aliados.

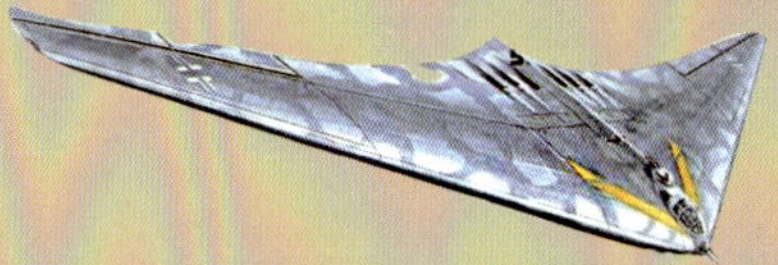

LOS CAZAS

MESSERSCHMITT ME 163 *KOMET*
Arriba. Avión enviado a Japón para ser estudiado y reproducido allí.

JAGDGESCHWADER 52
Página siguiente, abajo. Oficiales de una unidad aérea de la Luftwaffe, en activo de 1939 a 1945, que registró más de 9.000 victorias en el transcurso de la Segunda Guerra Mundial. El único tipo de vehículo usado por la escuadrilla fue el Messerschmitt Bf 109.

«Jamás en el ámbito de los conflictos humanos se debió tanto a tan pocos». Así quiso dar las gracias Winston Churchill al final de la batalla de Inglaterra a los pilotos de cazas de la RAF, los primeros que lograron limitar y luego frenar los ataques de los bombarderos alemanes. Esto significa que el control del cielo estaba en manos de los pilotos de cazas, aviones veloces y ligeros que se convirtieron en un arma decisiva en la Segunda Guerra Mundial.

FOCKE-WULF TA 283

Durante las fases finales de la Segunda Guerra Mundial, la empresa alemana Focke-Wulf Flugzeugbau GmbH emprendió el proyecto de un caza interceptor de reacción de ala baja, el Focke-Wulf TA 283, concebido al mismo tiempo que el Focke-Wulf *Super Lorin,* que se quedó en las primeras etapas de desarrollo. El responsable fue el ingeniero Kurt Tank, que, pese a la precaria situación en que se encontraba ya la industria alemana, consiguió llevar el proyecto hasta un avanzado estado de realización. El vehículo contaba con un motor HWK (Hellmuth Walter Kommanditgesellschaft) para el despegue y dos estatorreactores para el vuelo. Sobre uno de los dos planos de la cola llevaba un estatorreactor para el vuelo de crucero. Las alas en flecha tenían una angulación de 45 grados y el aparato disponía de dos cañones de 30 mm. Solo llegó a fabricarse como prototipo, aunque llegó a ser completado; el *Super Lorin* no superó siquiera la fase de prototipo.

LA UNIDAD ESPECIALIZADA JAGDGESCHWADER 400

EL barón de Münchhausen a lomos de una bomba era el emblema de la Jagdgeschwader 400, una unidad de la Luftwaffe creada expresamente para el empleo del Messerschmitt Me 163, única unidad en la historia de la aviación en utilizar en combate vehículos con motor cohete. Las primeras tareas desempeñadas por esta unidad en 1944 fueron de protección de plantas de bencina sintética y otros productos, atacadas con dureza por los bombardeos aliados. No obstante, desde el punto de vista operativo, el Me 163 fue un fracaso, principalmente a causa de defectos estructurales, a la poca autonomía de vuelo y a los repetidos fallos. Muchos pilotos de la Jagdgeschwader perdieron la vida en otros aparatos en misiones fuera de los combates.

MESSERSCHMITT ME 262

Tras la derrota en la batalla de Inglaterra, los alemanes intentaron superar a sus rivales con la constante búsqueda de aparatos cada vez más veloces y precisos en las acciones de combate. Así surgió el primer avión de reacción Messerschmitt Me 262, capaz de llegar a 870 km/h, que entró en acción en julio de 1944. Los Me 262, casi invencibles en el aire, eran muy vulnerables durante el aterrizaje y el despegue, por lo que los aviadores británicos y estadounidenses se especializaron en atacarlos en esas situaciones. Medía 10 m, con una envergadura de 12 m, e iba armado con cañones 4MK 108 de 30 mm. Según algunos, este avión habría podido sellar la supremacía definitiva de los alemanes en los cielos y habría sido un arma decisiva para la victoria, pero numerosos problemas en la puesta a punto retardaron su entrada en servicio, por lo

que no fue decisivo para el destino de la guerra aérea en Europa.

Caza con motor cohete

En la segunda mitad de 1943 comenzaron los vuelos de prueba del Messerschmitt Me 163 *Komet*, un caza de interceptación con motor de cohete producido por la firma alemana Messerschmitt AG, el único operativo en adoptar esta solución para la propulsión durante la Segunda Guerra Mundial. Desde las primera pruebas, junto a prestaciones verdaderamente excepcionales, se evidenciaron problemas ligados sobre todo al armamento y el carburante. El *Komet* estaba alimentado por un propelente líquido que usaba dos componentes extremadamente volátiles, el *T-Stoff* (peróxido de hidrógeno a alta concentración) y

Messerschmitt Bf 109
Arriba. Caza monomotor de ala baja cuya última versión experimental, el Bf 109 X, apareció en marzo de 1945, al final del conflicto.

Messerschmitt Me 262
Abajo. Primer caza de la historia con motor de reacción.

el *C-Stoff* (metanol e hidracina), muy peligrosos de manejar y susceptibles de explotar al primer incidente, ya que se trataba de propelentes hipergólicos: 16 pilotos alemanes perdieron la vida debido a la explosión del aparato. De acuerdo con algunos datos, los Messerschmitt Me 163 fueron asignados a una unidad de cazas y destruyeron no más de 16 aviones aliados con una pérdida de 15 unidades: un balance muy poco lisonjero para un aparato que debía proporcionar la supremacía en el cielo.

VICTORIAS EN COMBATE
Las 21 marcas sobre la cola indican el número de victorias del piloto de este Bf 109E-7.

AVIÓN PARÁSITO

En los últimos meses de guerra los alemanes desarrollaron varios proyectos de aviones parásito. Estos vehículos eran llevados hasta la zona de combate por aparatos más grandes, que los soltaban allí para que atacasen. El objetivo era obtener elevada potencia de fuego a bajo coste para enfrentarse a los bombarderos aliados. Tras diversas pruebas, se construyó el Messerschmitt Me 328: las prestaciones no fueron satisfactorias y el proyecto fue abandonado.

DORNIER DO 335 *PFEIL*
Caza pesado experimental multitarea. Era propulsado por un par de motores que movían dos hélices, una delantera y otra en la cola, para impulsarlo.

RAMMJÄGER

En los últimos días de la guerra se pidió a un grupo de pilotos alemanes expresamente formado (el *Sonderkommando Elbe*) que aplicasen una táctica extremadamente peligrosa, que consistía en intentar espolear a los aviones enemigos. Alemania, devastada a diario por los bombardeos aliados, no conseguía oponer una adecuada defensa y estaba a la espera de las nuevas armas, todavía en construcción. En este clima, el coronel Hans-Joachim Herrman propuso la creación de un cuerpo especial de pilotos, inspirado en los kamikazes japoneses, que a bordo de Messerschmitt Bf 109 aligerados todo lo posible para hacerlos más veloces, debían lanzar su aparato contra el bombardero enemigo. Sin embargo, al piloto no se le exigía el sacrificio extremo, como al kamikaze japonés: podía lanzarse en paracaídas momentos antes de que su avión impactase con el de su contrario. Se tiene noticia de un único combate en el que se empleó el *Sonderkommando Elbe*: el 7 de abril de 1945 (un mes antes del fin de las hostilidades). Los pilotos alemanes atacaron varias veces a formaciones de bombarderos estadounidenses Consolidated B-24 *Liberator* y Boeing B-17 *Flying Fortress*. Se sabe con seguridad que en la acción fueron destruidos ocho bombarderos y otros siete informaron de graves daños. El ataque más exitoso fue llevado a cabo por el piloto Heinrich Rosner contra un B-24; después de describir una vuelta en torno a los *Liberator*, que no podían disparar para no

CAZA DE COLISIÓN AÉREA
Arriba. Zeppelin Rammer.

SONDERKOMMANDO ELBE
Izquierda. El coronel Hans Joachim Herrman, creador del Sonderkommando Elbe.

COLISIÓN EN EL AIRE
Abajo: Una fortaleza volante con un Messerschmitt Bf 109.

EL *SONDERKOMMANDO ELBE*

En los últimos meses de la guerra, el coronel de la Luftwaffe Hans-Joachim Herrman creó una unidad especial llamada *Sonderkommando Elbe,* cuyo objetivo era interrumpir durante al menos seis semanas los bombardeos aliados sobre Alemania. Era el periodo que el Alto Mando consideraba indispensable para desplegar los nuevos cazas de reacción Messerschmitt Me 262, que consideraban esenciales para recuperar la supremacía aérea y hacer frente a los ataques aliados. La táctica adoptada consistía en espolear a los aparatos adversarios sin intentar derribarlos con disparos de ametralladora. Los cazas empleados en estas operaciones eran muy ligeros y veloces para evitar el fuego cerrado de las torretas de los bombarderos enemigos. La táctica utilizada consistía en golpear las alas del aparato enemigo (o directamente la cabina de pilotaje) y lanzarse con el paracaídas momentos antes de que se produjera el impacto. El *Sonderkommando Elbe* estaba integrado por voluntarios que, al contrario que los kamikazes japoneses, no tenían veleidades suicidas y pretendían mantenerse con vida para ser capaces de reincorporarse y emprender una nueva misión.

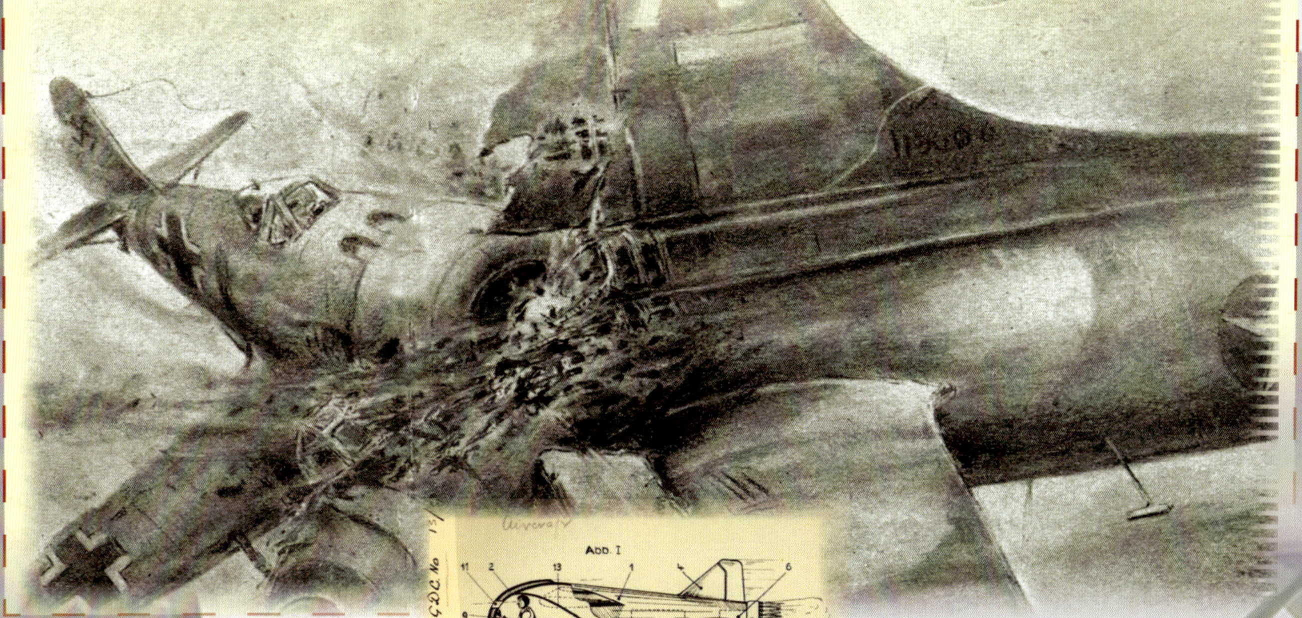

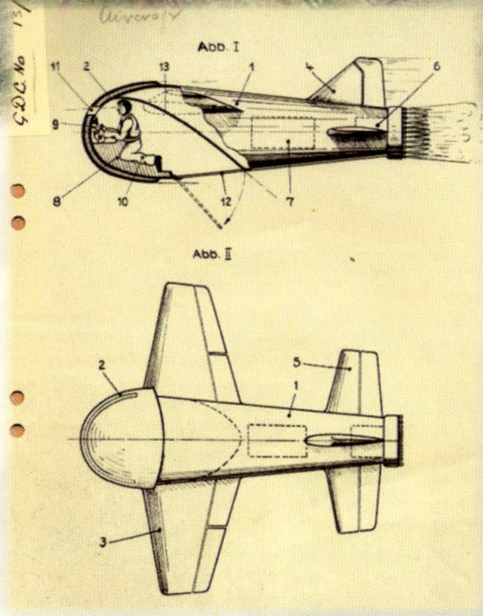

COLISIÓN EN ATAQUE
Arriba. Ilustración del artista alemán Helmuth Ellgaard que muestra un impacto en el timón de cola de un bombardero aliado.

PROYECTO DEL RAMMER ALEMÁN
Derecha. Proveniente de los archivos del Imperial War Museum de Londres: la estructura del morro está reforzada y la visión del piloto queda muy reducida.

correr el riesgo de convertirse en víctimas del fuego amigo, Rosner apuntó hacia el bombardero enemigo que iba en cabeza y se lanzó poco antes de que su Bf 109 destrozase con su propia ala la cabina del aparato, para luego rebotar sobre otro B-24 que se encontraba al lado, provocando la destrucción del mismo.

JÄGERNOTPROGRAMM

En el verano de 1944 los continuos bombardeos aliados sobre ciudades alemanas obligaron al ministro de la aviación Hermann Göring a elaborar un plan de emergencia *(Jägernotprogramm)*, que incluía la fabricación de cazas que pudiesen frenar a los bombarderos enemigos. Así surgió la idea de producir interceptores propulsados por cohetes como el Bachem Ba 349, muy similar a un cohete tierra-aire. Estos misiles ya habían sido usados, pero su sistema de guía planteaba problemas. Por eso se pensó que construir un cohete con un piloto para controlarlo en su fase final sería la solución ideal. Tras el despegue, el aparato sería teleguiado desde tierra, hasta alcanzar la altura a la que actuaban los bombarderos enemigos En ese momento, el piloto tomaría los mandos y atacaría a los aviones adversarios. Se empezaron a fabricar los primeros prototipos en octubre, para llegar a la versión definitiva en febrero de 1945. Pero el primer y único vuelo no tuvo éxito: cuando alcanzó 500 m de altura, se desprendió la cubierta y el aparato

Hermann Göring
Arriba, izquierda. Ministro del Reich para la aviación.
Arriba, derecha. Condecoración del Reichsmarschall de 1941 a 1945. Hermann Göring fue el único en contar con ella.

Bachem Ba 349 *Natter*
Abajo. Interceptor que operaba casi como un misil tierra-aire.

HANNA REITSCH (1912-1979)

Ferviente nazi desde su juventud, Hanna Reitsch, aunque nunca tomó parte en acciones bélicas, fue condecorada y nombrada capitán por su actividad como piloto de pruebas y sus victorias en competiciones aéreas internacionales, con la conquista de varios récords mundiales. Estuvo entre los pilotos de pruebas del Junkers Ju 87, el famoso *Stuka*, el Dornier Do 17 y el Focke-Achgelis Fa 61, prototipo del primer helicóptero pilotado. Cuando la victoria parecía imposible para Alemania, fue la primera en proponer a Hitler la creación de escuadrillas de una especie de kamikazes alemanes. En 1944 se ofreció también para probar el Fieseler Fi 103 *Reichenberg*, una versión del Fieseler Fi 103, más conocido como V1, dotado de cabina de pilotaje. Gracias a su experiencia de vuelo a gran altura, Reitsch dio a los futuros pilotos preciosos consejos sobre las maniobras a efectuar. En abril de 1945 logró aterrizar en la semidestruida Berlín, a punto de caer en manos de los soviéticos, pilotando un Fieseler Fi 156 *Storch*; el objetivo era poner a salvo a Adolf Hitler. Tras un periodo de seis meses como prisionera de los Aliados, volvió a su trabajo de aviadora y tomó parte en competiciones de vuelo a vela, en las que conquistó medallas. Escribió varios libros y fundó escuelas de aviación en India y Ghana.

se precipitó, quedando destruido y causando la muerte del piloto.

HEINKEL P.1080

Además del Bachem Ba 349, los ingenieros aeronáuticos del Tercer Reich desarrollaron otros proyectos de aviones pequeños para ser construidos rápidamente. Entre ellos, el Heinkel P.1080 llegó a un estadio avanzado. Dotado de dos estatorreactores Lorin-Rohr de 900 mm, tenía una longitud de 8,15 m y una envergadura de alas de 8,90 m. Los depósitos del carburante estaban colocados en la parte posterior del fuselaje. Para el despegue se usaban cuatro cohetes con propelente sólido de 1.000 kg cada uno, junto con un tren de aterrizaje que era abandonado tras despegar. Aterrizaba gracias a una especie de trineo. Tampoco este avión fue utilizado por los pilotos de la Luftwaffe, porque el fin de la guerra interrumpió su realización.

HEINKEL HE P.1080
Proyecto de avión de reacción con dos motores, nunca construido.

PRODUCCIÓN DE AERONAVES
Izquierda: Cadena de montaje de Heinkel He 162 en una planta subterránea.

BACHEM BA 349 *NATTER*
Centro. Caza interceptor con motor cohete en la versión 349A expuesto en el Deutsches Museum de Múnich, Baviera.

MESSERSCHMITT P.1110 Y P.1111

En los primeros meses de 1945, el Oberkommando de la Luftwaffe lanzó el programa para la construcción de aviones interceptores de nueva generación para sustituir a los He 162 *Volksjäger*. Esta aeronave estaba destinada a hacer frente a gran altitud a la amenaza de las fortalezas volantes de los Aliados, que a diario cruzaban con su carga de bombas el cielo de Alemania. El primer proyecto, presentado en febrero de 1945, fue el del Messerschmitt P.1110: tenía un ala con una inclinación de 40° y tomas de aire frontales (similar al North American YF-93). Contaba con un único motor

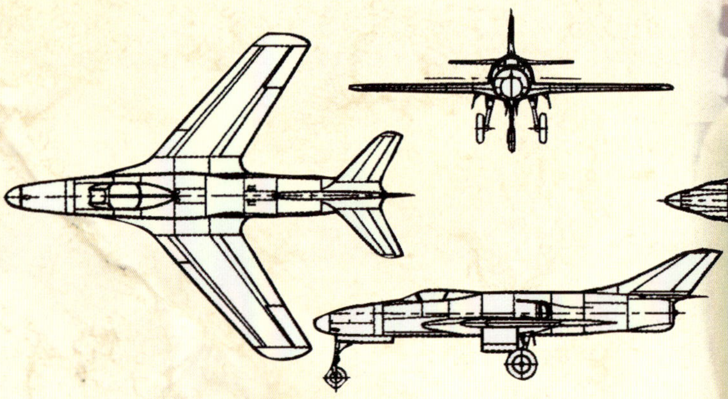

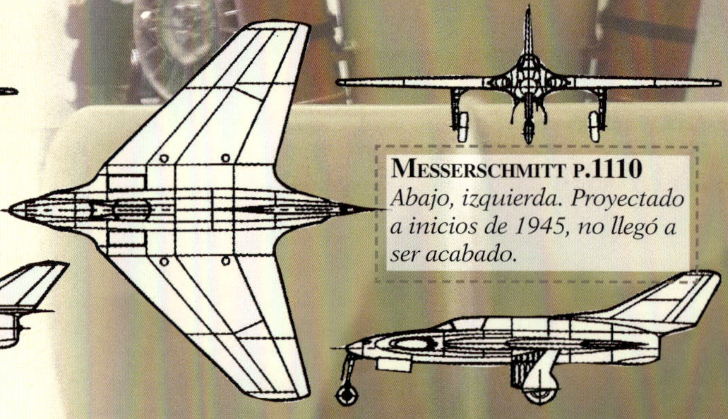

MESSERSCHMITT P.1111
Abajo, derecha. Diseño desarrollado en enero de 1945, como una mejora del modelo Me P.1110.

MESSERSCHMITT P.1110
Abajo, izquierda. Proyectado a inicios de 1945, no llegó a ser acabado.

EL *SELBSTOFER* DE LA KAMPFGESCHWADWER 200 (KG 200)

Esta unidad especial de la Luftwaffe nació el 20 de febrero de 1944 como consecuencia de una orden del *Oberkommando der Luftwaffe* (Alto Mando). Englobaba una unidad ya existente, la *Versuchsverband Oberbefehlshaber der Luftwaffe*, encargada de la evaluación de los nuevos aparatos alemanes, así como de los capturados, y de la infiltración de agentes secretos más allá de las líneas aliadas. La Kampfgeschwader 200 (KG 200) era tan secreta que sus secciones no siempre se conocían entre sí, motivo también por el que muchas informaciones sobre su estructura y las operaciones llevadas a cabo en territorio controlado por el enemigo se han perdido. Estuvo operativa desde febrero de 1944 a abril de 1945 y puso a prueba gran cantidad de aeronaves enemigas caídas en manos alemanas, como los Boeing B-17 *Flying Fortress* estadounidenses y los numerosos Petlyakov Pe-2 y Tupolev SB soviéticos capturados durante la operación *Barbarroja*. Además, empleó en acciones bélicas cazas aliados como los Spitfire, P-51 *Mustang* y P-47 *Thunderbolt*. La KG fue la encargada del Plan Mistel, proyectado para el bombardeo de naves aliadas en Normandía y puentes sobre el Oder para retrasar el avance de los rusos. Le fue asignado un bombardero estratégico de seis motores, el Junkers Ju 390, que en un vuelo de prueba había llegado a 19 km de las costas orientales de Estados Unidos y, en un segundo vuelo, hasta Japón a través de la ruta polar. Una de las empresas más audaces planeadas por la KG 200 fue la operación *Zeppelin*, que tenía como objetivo el asesinato de Stalin. No tuvo éxito y los agentes fueron capturados.

de reacción Heinkel HeS 011A; su armamento se componía de tres cañones MK 108 centrales, más otros dos sobre las alas. Estaba diseñado para alcanzar la velocidad máxima de 1.015 km/h. Este proyecto fue abandonado de repente, sin llegar a construir prototipos, y enseguida se puso en marcha el estudio de otro modelo Messerschmitt denominado P.1111 muy distinto en su forma del anterior.

Se trataba de un vehículo sin cola con una inclinación de

ZEPPELIN *FLIEGENDE PANZERFAUST*
Proyecto de caza interceptor de corto alcance, del que se realizó solo una maqueta.

45°, y forma casi triangular. Cada ala tenía tres depósitos de carburante no protegidos para un total de 1.500 litros. Había una sola aleta vertical y cabina presurizada equipada con asiento eyectable. El armamento estaba constituido por cuatro cañones MK 108 de 30 mm con 100 disparos cada uno, dos en la base de las alas y dos en la punta. Tampoco este proyecto llegó a materializarse nunca.

Focke-Wulf Ta 183 *Huckebein*

Unos meses antes había sido presentada la primera versión del Focke-Wulf Ta 183, un caza con un solo motor de reacción y ala de flecha desarrollado en la empresa alemana Focke-Wulf Flugzeugbau AG. Tenía una envergadura de 10 m y una longitud de 9,20 m. El habitáculo estaba presurizado y contaba con un techo de forma redondeada, que garantizaba al piloto una visibilidad óptima. En los primeros meses de 1945 se presentó una nueva versión que, dada la escasez de materiales, utilizaba madera para las cimbras y parte de los alerones.

El armamento consistía en cuatro cañones automáticos MK 108 calibre 30 mm instalados en la parte anterior del fuselaje, sobre la toma de aire del motor. Tampoco se produjeron unidades de este modelo, pero los planos fueron aprovechados en la construcción de aeronaves después de la guerra por parte de las potencias vencedoras.

Heinkel He 162
Monomotor de reacción usado en los últimos meses del conflicto: el más veloz de los cazas de reacción de primera generación producidos tanto por la industria alemana como por los Aliados.

FOCKE-WULF TA 183 *HUCKEBEIN*
Derecha, arriba. Caza monomotor de reacción con ala de flecha diseñado por Kurt Tank, del que no se llegó a construir un prototipo. La velocidad máxima prevista era de 962 km/h con 2.150 km de autonomía.

JUNKERS EF 123 *VOLKSJÄGER*
Derecha, centro. Proyecto de caza rechazado por la comisión de la Luftwaffe por la posición del motor.

BLOHM UND VOSS BV P.215
Derecha, abajo. Proyecto de caza nocturno con dos motores de reacción. La velocidad máxima que habría alcanzado sería de 870 km/h a 8.500 m.

MOTOR A TURBORREACCIÓN
Abajo. Técnicos del Aircraft Engine Research Laboratory estadounidense en 1946 analizan un motor Junkers Jumo 004, montado sobre varios aparatos alemanes, entre ellos el Messerschmitt Me 262, el Junkers Ju 287 (experimental), el Horten Ho 229 y el Heinkel He 280 (prototipos), el Henschel Hs 132 y el Focke-Wulf 183 (proyectos), además del Arado Ar 234.

MINIATURJÄGERPROGRAMM

En el ámbito del *Jägerprogramm,* en noviembre de 1944, fue lanzado un programa más para estudiar aeronaves muy pequeñas, capaces de interceptar y derribar los bombarderos enemigos: el bautizado como *Miniaturjägerprogramm*. Este proyecto tenía como objetivo producir a bajo coste, y lo más rápidamente posible, miniaviones para responder a los bombardeos sobre ciudades alemanas, cada día más devastadores. El motor a utilizar sería un pulsorreactor Argus As 014, cuya construcción requería muchas menos horas que las de un turborreactor de un Junkers Jumo 004. Sin embargo, los diseñadores alemanes mostraron poco interés por este programa y dedicaron todas sus energías a la fabricación del Heinkel He 162. Además, se comprobó que el pulsorreactor Argus As 014 no producía, a baja velocidad, la energía suficiente para el despegue, por lo que habría sido necesario añadir cohetes propulsores, lo que habría aumentado el precio y el tiempo de ejecución. El *Miniaturjägerprogramm* fue abandonado en diciembre de 1944. En los meses siguientes, las empresas

JUNKERS EF 126
Arriba. Un modelo de la aeronave dispuesto para las pruebas en el túnel de viento.

PULSORREACTOR
Abajo. Interior de un motor a pulsorreacción de la Argus Motoren GmbH. El Argus 109-044, con un impulso de 4,9 kN, iba montado en el Junkers EF 126.

JUNKERS EF 126

Longitud	8,46 m
Envergadura	6,65 m
Altura	1,90 m
Peso (neto/bruto)	1,1/2,8 kg
Capacidad de carburante	1.100 kg
Velocidad máxima	780 km/h
Motor	Pulsorreactor Argus 109-044
Fabricante	Junkers Flugzeug- und Motorenwerke AG
Unidades producidas	1

ARADO E.381

Ideado por la Arado Flugzeugwerke en diciembre de 1944, este vehículo, apodado *Kleistjäger,* o el «combatiente más pequeño», era un avión de caza parásito, que debía ser elevado y lanzado luego por el aparato «madre», el Arado Ar 234. Una vez lanzado, el Arado E 381 activaría su motor cohete y apuntaría a los bombarderos enemigos. La fabricación fue anulada por la falta de fondos y de respaldo oficial. El proyecto contemplaba tres modelos diferentes, cada uno con la capacidad de carburante mínima para enfrentarse solo a dos objetivos, tras lo cual el piloto, ya sin carburante, guiaría el aparato como un planeador y aterrizaría utilizando los patines colocados bajo la panza del avión. El piloto maniobraba tumbado boca abajo, en un habitáculo de dimensiones muy reducidas. El Arado Ar 234 montaba dos cañones muy potentes, los MK 108 de 30 mm, y era capaz de partir por la mitad el ala de un Boeing B-17 *Flying Fortress.* Para reducir el peso, también el motor, un Walter HWK 109-509B, era de pequeño tamaño. El suministro estaba asegurado por tres pequeños depósitos y, para el aterrizaje, contaba con un paracaídas situado en la cola. El proyecto fue cancelado además por la escasez de los «aviones madre» que habrían tenido que transportar a estos aparatos. Hasta aquel momento solo se habían realizado dibujos y una maqueta a escala real en madera, a fin de llevar a cabo comprobaciones sobre la posición que los pilotos debían mantener, por no hablar de su adiestramiento.

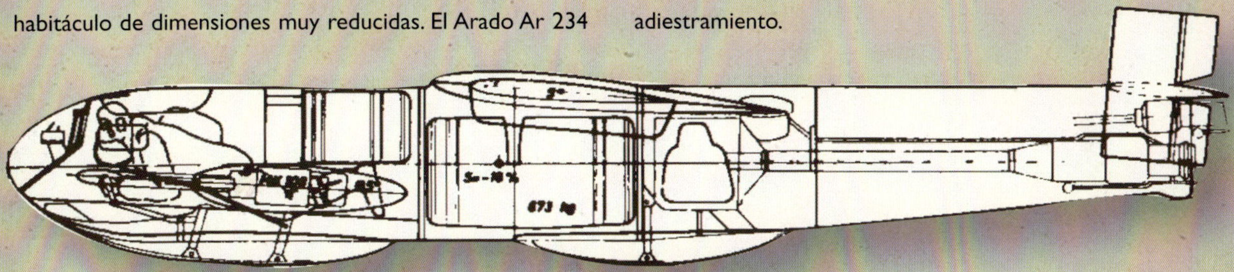

Heinkel, Blohm & Voss y Junkers intentaron satisfacer los deseos del mando alemán, pero el único avión de caza en miniatura que superó con éxito la fase de proyecto fue el Junkers EF 126. Este aparato sería construido más adelante por los rusos, en 1946.

HEINKEL P.1077
Maqueta de la aeronave en la versión Romeo, *impulsada por un pulsorreactor. El modelo* Julia *llevaba un cohete Walter HWK 109-509.*

TRANSPORTE Y RECONOCIMIENTO

En el comienzo de la guerra, para paliar la falta de aviones de transporte, la Luftwaffe se apropió de algunos aparatos de la compañía aérea comercial Lufthansa para reconvertirlos al uso militar. Fue así como nació el Junkers Ju 90, del que solo se realizaron 18 unidades. La cada vez más imperiosa demanda animó a los diseñadores a buscar modelos completamente nuevos y más adecuados para el traslado de tropas o materiales. En 1940 fue diseñado el Messerschmitt Me 321, un planeador que era capaz de transportar a 130 soldados, y entró en servicio en 1941. Pocos meses después salió una versión motorizada, el Messerschmitt Me 323. Estaba dotado de seis motores radiales y podía alcanzar una velocidad de 250 km/h. Se produjeron 200 unidades y fue el avión de transporte más grande que la Luftwaffe logró producir durante los años de la Segunda Guerra Mundial.

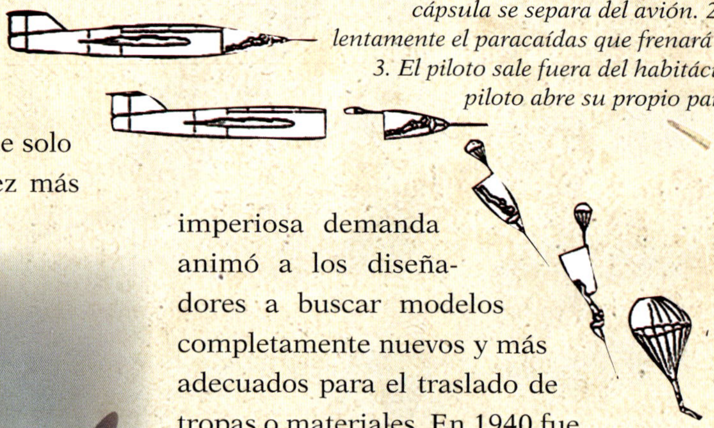

Sistema de expulsión del DFS 346. *1. La cápsula se separa del avión. 2. Se abre lentamente el paracaídas que frenará la caída. 3. El piloto sale fuera del habitáculo. 4. El piloto abre su propio paracaídas.*

DFS 346
Arriba. Modelo del monomotor de reconocimiento inicialmente proyectado como planeador y equipado con motor cohete.

Centro. Sistema de expulsión de la cápsula del morro y del piloto.

MESSERSCHMITT ME 323
Abajo. El gigantesco aparato en la pista de aterrizaje tras un transporte de soldados heridos.

Messerschmitt ME 323
El impresionante transporte durante la fase de aterrizaje.

En lo que respecta a los aparatos de reconocimiento, el proyecto más desarrollado fue el del DFS 346, un monomotor de reacción de ala media y elevadas prestaciones. No obstante, se quedó en la fase de prototipo. También el DFS nació al principio como planeador (DFS 228), pero el nuevo modelo fue diseñado con un motor endorreactor (cohete) Walter HWK 109-509 B-1 capaz, según sus responsables, de superar la barrera del sonido. El DSF 346 fue creado con la idea de que un avión de grandes dimensiones lo pusiese en vuelo. Tras alcanzar una altitud de 30.500 metros, el piloto apagaría el motor y descendería planeando sobre el objetivo. Después de llevar a cabo su trabajo fotográfico, el piloto tendría que reactivar los motores para volver a la base.

Messerschmitt ME 323
Hexamotor en vuelo. Las alas estaban hechas en parte de contrachapado y lona; el fuselaje, de tubos de metal y madera cubierta de lona barnizada.

DESPEGUE VERTICAL Y ALA ROTATORIA

La investigación alemana sobre aeronaves de ala rotatoria ya estaba muy avanzada en 1939. Hanna Reitsch había volado en uno de los primeros helicópteros, el Focke-Wulf Fw 61, en el interior del Deutschlandhalle durante la Exposición de Berlín de 1938, y estaban en estudio diseños más sofisticados.

FLETTNER FL 282 *KOLIBRI*

El monoplaza Fl 282 *Kolibri*, desarrollado a partir del Flettner Fl 265, fue probado en 1940. Poseía la misma configuración con rotores entrelazados del anterior helicóptero. La estructura era en buena parte de tubos de acero con tren de aterrizaje fijo. El *Kolibri*, muy usado en tareas de reconocimiento, fue embarcado en 1941 y operaba desde una pequeña pista del crucero ligero *Köln*.

La Kriegsmarine, impresionada por sus prestaciones, encargó 15 prototipos y la producción de 30 unidades. En 1943 habían entrado en servicio 20 *Kolibri* con unidades navales en el Báltico, el Mediterráneo y el Egeo. Su éxito animó a la Luftwaffe a considerar la transformación del FI 282 para su empleo en combate. Se modificó el proyecto y se añadió una segunda plaza para un observador. En 1944 se encargaron 1.000

FLETTNER FL 282 *KOLIBRI*
Helicóptero de observación y reconocimiento con dos rotores realizado por la Anton Flettner Flugzeugbau GmbH. Fue empleado desde 1942 hasta el final de la guerra.

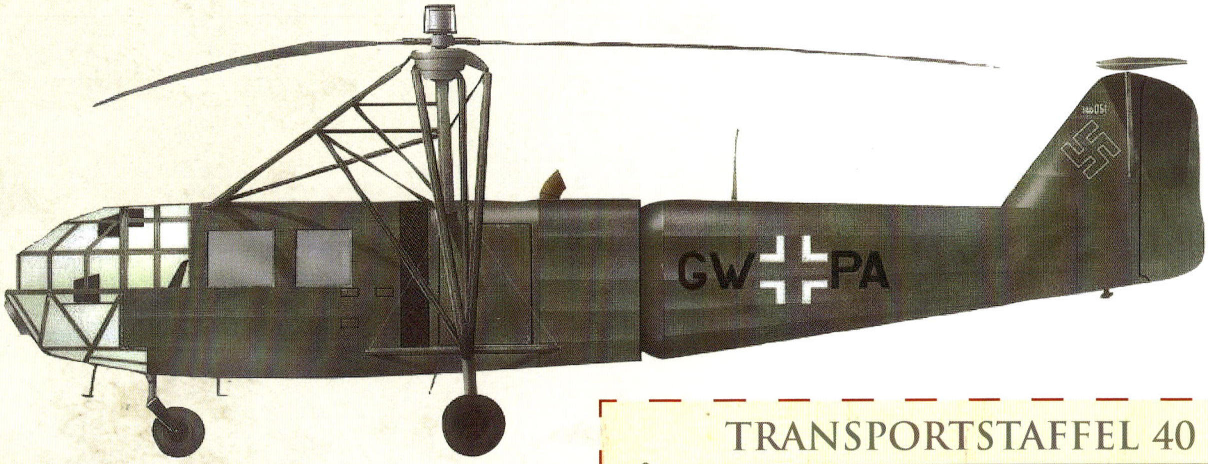

unidades de esta versión. Solo se habían terminado 24 antes de que se interrumpiese la producción, cuando la fábrica fue destruida en un ataque aéreo.

Eran aeronaves de reconocimiento útiles para la artillería. En 1944 se creó una unidad de observación integrada por tres helicópteros Fl 282 y tres Fa 223. Probablemente otros aparatos desempeñaron este papel desde el aeródromo berlinés de Rangsdorf al final del conflicto.

Focke-Achgelis Fa 223 *Drachen*

Este aparato tuvo su origen en el proyecto de Lufthansa de un helicóptero de uso civil capaz de transportar seis pasajeros en trayectos cortos. El primer prototipo con dos rotores pasó las pruebas en tierra en

Focke-Achgelis Fa 223 *Drachen*
Página anterior, arriba. Heinrich Focke sostiene en la mano el modelo de su helicóptero Fa 223.

Dibujo del Fa 223
Arriba. Uno de ellos, capturado por los Aliados, fue el primero en cruzar el canal de la Mancha en septiembre de 1945.

Focke Fa 223 V14
Derecha. Helicóptero usado en la recuperación de un Dornier Do-217 en mayo de 1944 en el frente oriental.

TRANSPORTSTAFFEL 40

Constituida en enero de 1945 en Baviera, fue la única escuadrilla de la Luftwaffe compuesta exclusivamente de helicópteros. Contaba con cinco Focke-Achgelis Fa 223 y cinco Flettner Fl 282 *Kolibri*; las aeronaves era utilizadas en tareas de observación, escolta y transporte a lo largo de la frontera entre Austria y Alemania. Durante el avance desde Italia a Alemania, la 80ª División de Infantería estadounidense capturó dos Focke Fa 223; los demás aparatos de la escuadrilla fueron destruidos por sus tripulaciones en fuga.

Weserflug P.1003
Recreación del convertiplano de dos plazas de la Weser Flugzeugbau GmbH en 1938, que no pasó de la fase de proyecto debido a la complejidad del dispositivo VTOL (Vertical Take-Off and Landing, *despegue y aterrizaje verticales). La estadounidense Bell-Boeing realizó en 1989 un vehículo de diseño muy similar.*

septiembre de 1939, pero incorporaba muchas novedades tecnológicas y necesitaba una puesta a punto prolongada. No se efectuó el primer vuelo hasta agosto de 1940.

A mediados de 1942 arrancó la producción de un modelo multifunción en la fábrica Focke-Achgelis. Al poco tiempo, la planta quedó arrasada en un ataque aéreo, junto con dos prototipos y los primeros siete vehículos, que se encontraban en la fase de montaje final. Después de varios intentos de retomar la fabricación, la idea quedó abandonada en 1943, tras la producción de ocho *Drachen* y la creación de una nueva planta de la fábrica en Laupheim, cerca de Stuttgart. Solo se terminaron siete aparatos antes de que otro ataque destruyera las instalaciones en julio de 1944.

Dicho suceso condujo a la cancelación de todo el proyecto en el plazo de pocas semanas. Entonces, llegó la orden de abrir una nueva fábrica junto al aeropuerto de Tempelhof, en Berlín. El plan de producción previsto, de 400 aeronaves al mes, era totalmente irrealizable en medio del creciente caos y ruina de las etapas finales de la guerra, por lo que no se entregaron más unidades.

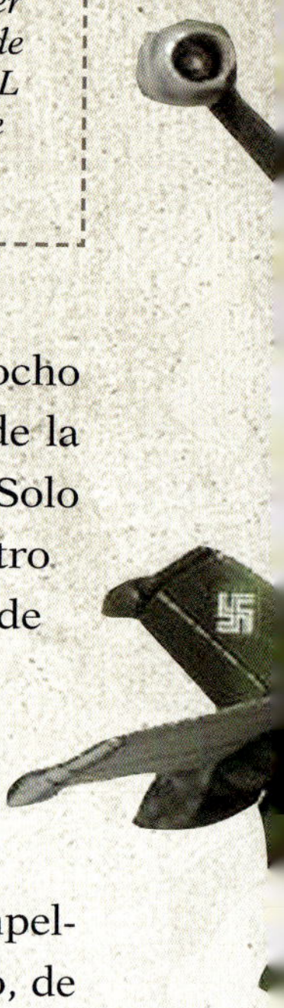

Focke-Achgelis Fa 269
Modelos del convertiplano de caza, diseñado por la Focke-Achgelis & Co. GmbH y jamás construido a causa de la destrucción de la fábrica a raíz de un bombardeo aliado.

FOCKE-WULF FW *TRIEBFLÜGEL*

El término *triebflügel* significa «ala potente» y *Triebflügeljäger* se refiere a un caza propulsado por alas: estas eran las características del Focke-Wulf Fw *Triebflügel*, un interceptor experimental de despegue y aterrizaje vertical con sistema *tail-sitter,* desarrollado por la firma alemana Focke-Wulf Flugzeugbau GmbH durante la fase final de la guerra, que no pasó de la primera etapa de desarrollo. El proyecto contemplaba tecnologías muy innovadoras para la época y los resultados de las pruebas en el túnel de viento confirmaron las expectativas. La poca disponibilidad de pistas de aterrizaje, bombardeadas de continuo por los Aliados, planteó la urgencia de contar con aparatos que despegasen y aterrizasen en espacios reducidos. Arrancó el proyecto de un interceptor convencional, que podía aterrizar y despegar en posición vertical gracias a la configuración *tail-sitter* (precursora del sistema VTOL). Operaría localmente para defender importantes fábricas en zonas en las que no existían pistas aéreas o eran demasiado cortas para permitir a los cazas de interceptación contraatacar. El vehículo era propulsado por tres cohetes y dos motores más que cumplían una función de asistencia en el lanzamiento y aumentaban el empuje, además de tres estatorreactores situados cerca de la parte delantera, que formaban una gran hélice que contribuía tanto al vuelo vertical como al horizontal. Mientras estaba en estudio la construcción de un prototipo, las instalaciones donde se realizaba el proyecto fueron ocupadas por tropas aliadas y el plan fue cancelado.

El Walter HWK 109-509, uno de los tres cohetes previstos como ayuda durante el lanzamiento.

PLANEADORES

El *Reichsluftfahrtministerium* ordenó en 1940 la construcción de un gran planeador, que pudiese transportar tropas para establecer cabezas de puente en territorio enemigo.

Para la llamada operación *Seelöwe*, cuyo objetivo era la ocupación de Inglaterra, hacía falta este tipo de vehículos, así que la Luftwaffe encargó a los ingenieros aeronáuticos Heinrich Hertel y Paul Hall la realización del Junkers Ju 322, con una gran bodega de carga en la parte central. El primer vuelo de prueba tuvo lugar en abril de 1941, pero los resultados no fueron satisfactorios y el proyecto fue abandonado. Otro motivo fue

LA LIBERACIÓN DE MUSSOLINI

Una de las operaciones más espectaculares llevadas a cabo con ayuda de planeadores fue la liberación de Benito Mussolini de la prisión del Gran Sasso, en Italia, a una altitud de 1.800 m, en la que se usaron 10 DFS 230 de la 2. Fallschirmjäger-Division. Tras ser arrestado la tarde del 25 de julio, Mussolini fue trasladado, después de atravesar varias localidades, hasta un refugio en el Gran Sasso, la cota más alta de los Apeninos italianos. Una vez localizado el escondite, los alemanes organizaron el golpe. El grupo de asalto, a las órdenes del mayor Hans Mors, formado por cien paracaidistas y 26 SS, partió a las 3:00 a.m., con un ligero retraso a causa de un vuelo aliado, y aterrizó en el campamento Imperatore, en las inmediaciones del albergue donde estaba detenido el *Duce* y, sin soltar un tiro, liberó a Mussolini. El descenso se hizo con un Fieseler Fi 156 *Storch*, un tipo de aeronave monomotor de aterrizaje y despegue cortos que, además del piloto, transportaba un solo pasajero, en este caso el prisionero recién liberado. Una vez llegados a Pratica di Mare, Mussolini subió a un Heinkel He 111, que le llevó a Viena, Múnich y finalmente Rastenburg, donde le esperaba el Führer.

que el plan para invadir Inglaterra había sido postergado.

JUNKERS JU 322 *MAMMUT*

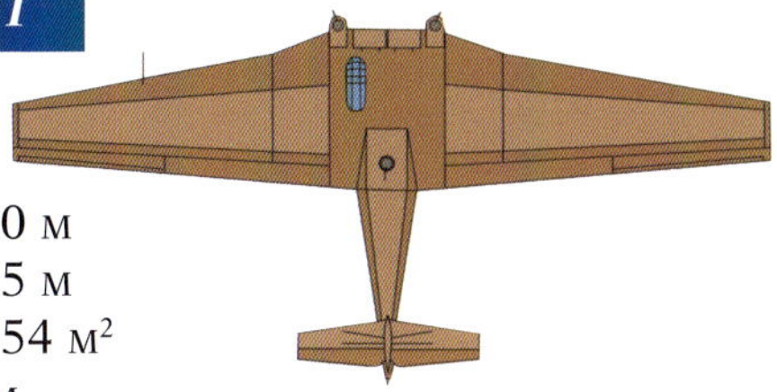

Longitud	26,30 m
Envergadura	62,35 m
Superficie alar	638,54 m²
Altura	6,6 m
Peso en vacío	25.210 kg
Peso cargado	29.210 kg
Capacidad	29.210 kg o 140 soldados
Fabricante	Junkers Flugzeug- und Motorenwerke AG
Armamento	3 metralletas MG 15 calibre 7,92 mm
Unidades producidas	2

FOCKE ACHGELIS FA 225

Los ataques alemanes con planeadores durante los primeros años de la guerra habían demostrado los límites de los aparatos convencionales de este tipo, que necesitaban para el aterrizaje espacios amplios y libres de obstáculos. Se pensó que un planeador con ala rotatoria poseería una mayor flexibilidad táctica, ya que podría realizar despegues verticales en autorrotación. En 1942 comenzó el proyecto F 225 para modificar el planeador estándar DFS 230 y darle una configuración de ala rotatoria. Las alas fueron sustituidas por un rotor Fa 223 y se añadió un sólido tren de aterrizaje fijo para absorber la mayor fuerza asociada a los despegues casi verticales. En el transcurso de 1943, se sometió a vuelos de pruebas un prototipo tirado por un Heinkel He 45, capaz de aterrizar en solo 18 m. Aunque el proyecto respondió plenamente a las expectativas, no fue incorporado al servicio.

GOTHA GO 242
Página anterior, arriba. Maqueta del Gotha Go 242.

DFS 230
Izquierda. El planeador, arrastrado por otra aeronave en el cielo italiano, 1943.

ATERRIZAJE
Abajo. Fase de aterrizaje de un planeador.

AERONAVES SUBORBITALES Y ESPACIALES

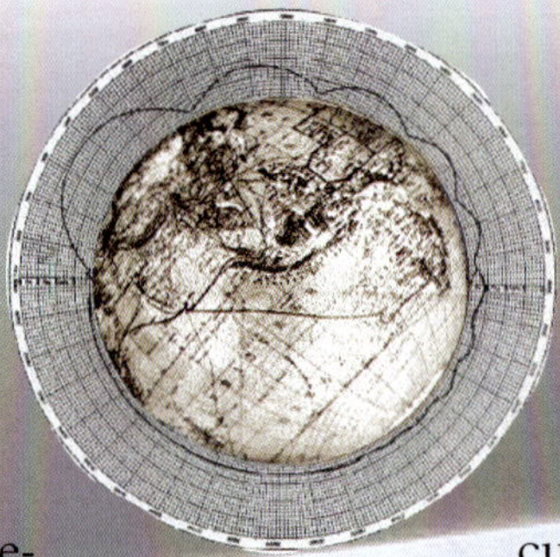

El *Silbervogel* fue el primer proyecto en el mundo de un vehículo espacial, o sea, una aeronave que pudiese volar por encima de la línea de Kármán (el límite entre la atmósfera terrestre y el espacio exterior a una altura de 100 km). El proyecto, desarrollado a finales de la década de 1930 por Eugen Sänger e Irene Bredt, era muy innovador porque incorporaba la tecnología del cohete a la del llamado «cuerpo impulsor», un dispositivo sin alas capaz de generar una fuerza impulsora merced exclusivamente a una adecuada configuración del fuselaje, tecnología que no fue factible hasta la década de 1960. El *Silbervogel* había sido concebido como un bombardero para alcanzar el continente americano por medio de una serie de rebotes cuando el aparato descendiese de la estratosfera hasta una altitud de 40 km, para después remontar gracias a la mayor densidad del aire. Si bien cada bote sería más bajo que el anterior, según los cálculos el *Silbervogel* sería capaz de atravesar el océano Atlántico con una bomba de cuatro toneladas y llegar a Estados Unidos.

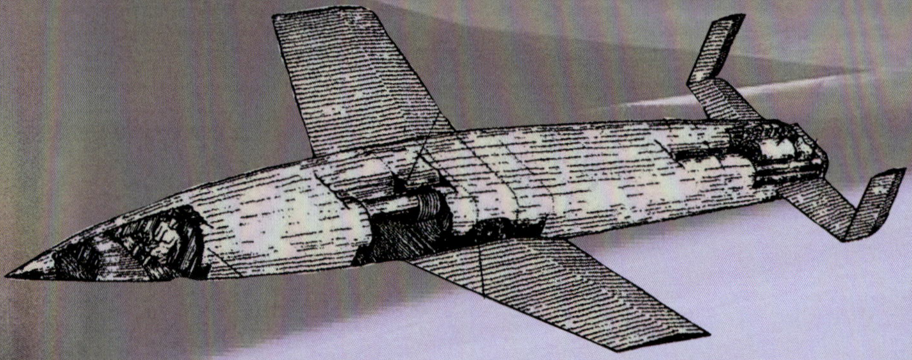

RECORRIDO SUBORBITAL
Arriba. Esquema del recorrido del Silbervogel *con los repetidos descensos en la estratosfera.*

SILBERVOGEL
Centro. En la punta, la cabina presurizada; en el centro y la cola, los depósitos de combustible y el dispositivo de liberación de las bombas; en la cola, cohetes y motores auxiliares.

EL MATRIMONIO SÄNGER
Izquierda. Eugen Sänger e Irene Bredt, matemática, que ayudó a su futuro marido en el diseño del vehículo suborbital.

Parece que, al no disponer los alemanes de una bomba nuclear, el vehículo transportaría una bomba que, desde una altura de 300 m, liberaría óxido de silicio radioactivo. Después de muchas pruebas y experimentos, incluidos los efectuados en el túnel de viento, al final el aparato fue considerado demasiado complejo y costoso de producir y fue abandonado. En la posguerra, los científicos, tras arriesgarse a ser secuestrados

Silbervogel
El vehículo espacial a una altura suborbital, en una recreación.

por agentes soviéticos, trabajaron en Francia y luego pasaron a Estados Unidos, donde la tecnología del *Silbervogel* fue utilizada para la realización del Boeing X-20 Dyna-Soar, un vehículo destinado a su empleo en misiones de reconocimiento y bombardeo, en rescate espacial y reparaciones de satélites.

SONNENGEWEHR, EL CAÑÓN SOLAR ORBITAL

Ya en 1929, el físico alemán Hermann Oberth desarrolló el proyecto de una estación espacial en la que estaría colocado un espejo cóncavo de 100 m de diámetro, capaz de reflejar la luz solar en un punto preciso de la Tierra. Durante la Segunda Guerra Mundial, un grupo de investigadores del *Heeresversuchsanstalt* (Agencia del ejército alemán para la investigación y desarrollo de nuevas tecnologías) de Hillersleben empezó a trabajar sobre la idea de Oberth con el fin de conseguir una superarma orbital. Esta especie de «cañón solar» formaría parte de la estación espacial a 8.200 kilómetros de la Tierra. Según los científicos alemanes, una superficie reflectante de 9 km^2 sería capaz de producir calor suficiente para quemar una ciudad. Se estimó que el tiempo de realización del proyecto sería de 50 años.

MOTORES DE REACCIÓN

Después de varios intentos en diversos países durante las primeras décadas del siglo xx, en 1939 se construyó en Alemania el primer avión de reacción. Se trataba del Heinkel He 178 proyectado por el ingeniero Hans von Ohain, que en el vuelo de prueba alcanzó una velocidad de casi 700 km/h. Este invento pronto atrajo la atención de la Luftwaffe, que estaba incrementando su producción con vistas a la guerra.

AVIONES CON MOTORES DE REACCIÓN
Arriba. El Heinkel He 280 utilizaba dos motores Heinkel HeS 8A con un empuje de 5.300 N cada uno.

Abajo. El Heinkel He 178 utilizaba un motor Heinkel HeS 3b que desarrollaba un empuje de 4.400 N.

HEINKEL HE 280

Fue así como pocos meses después la misma industria aeronáutica Heinkel proyectó un nuevo modelo, esta vez para uso militar, y adjudicó la

Heinkel HeS 3
Arriba, izquierda. Un turborreactor aeronáutico de la Ernst Heinkel Flugzeugwerke AG. Fue montado en el prototipo Heinkel He 178, pero los resultados no fueron satisfactorios, lo que llevó a desarrollar el más potente HeS 8A.

Junkers Jumo 004
Arriba, derecha. Turborreactor producido por la Junkers Flugzeug und Motorenwerke AG utilizado en los Messerschmitt Me 262 y el Arado Ar 234.

Hans von Ohain
El ingeniero aeronáutico alemán junto a su primer turborreactor experimental en 1935.

realización al ingeniero Robert Lusser. Sin embargo, los prototipos fabricados no convencieron plenamente a las autoridades, por lo que tras varias tentativas el proyecto fue abandonado.

Junkers Jumo 004

El *Reichsluftfahrtministerium*, que tenía cada vez más deseos de poseer aviones que superaran en velocidad a los de los adversarios, animó a los fabricantes a intensificar la búsqueda. Junkers aceptó el desafío y encargó a Anselm Franz el proyecto de realización de un motor de reacción que cumpliera todos los requisitos exigidos. Así surgió el primer turborreactor con compresión axial que fue montado, en parejas, en el caza Messerschmitt Me 262 utilizado por la Luftwaffe en la fase final del conflicto.

La tarea no fue sencilla y encontró numerosos obstáculos, hasta el punto de que el proyecto fue suspendido. En 1943 el general Adolf Galland hizo un vuelo de prueba y, cuando le preguntaron qué opinaba de aquel motor, respondió: «Ha sido como si fuera impulsado por los ángeles».

A partir de ese momento se retomó el proyecto y pronto comenzó la producción en serie: al final de la guerra se habían fabricado 4.752 unidades.

La *Panzerwaffe* era la unidad por excelencia del ejército alemán y, con sus acciones rompiendo las líneas enemigas, fue la artífice de la rápida conquista de territorio. Esto fue posible gracias a la superioridad del *Panzer* en comparación con medios similares aliados.

CARROS DE COMBATE

LOS *PANZER*

SUPERCARROS DE COMBATE

CAZACARROS

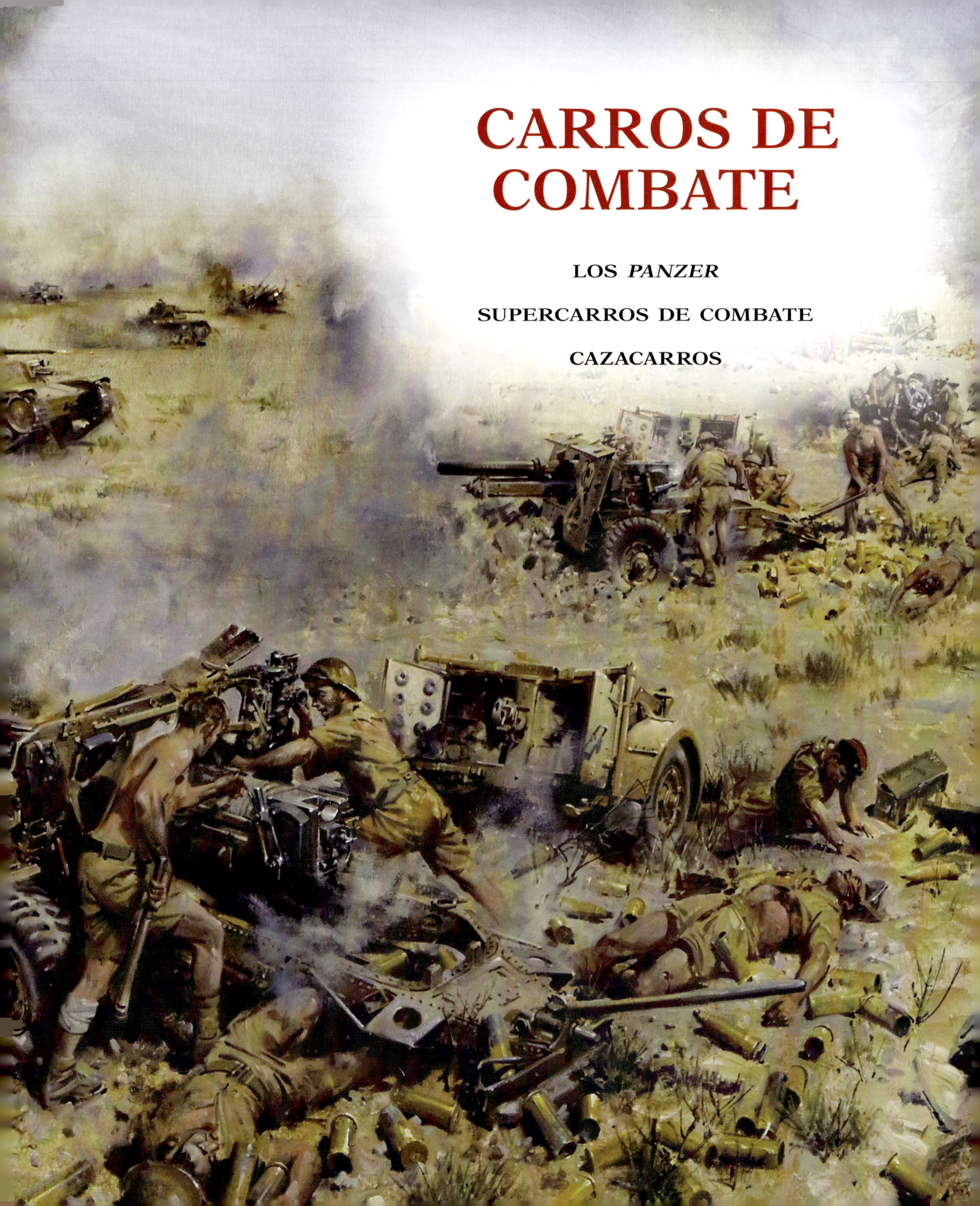

LOS *PANZER*

Los generales Alfred von Schlieffen y Hans von Seeckt concibieron la estrategia de la guerra relámpago *(Blitzkrieg)* en 1914, pero solo en la Segunda Guerra Mundial, gracias al empleo combinado de tropas mecanizadas, aviación, artillería y blindados se pudo concretar esta estrategia, que en pocos meses puso de rodillas a las fuerzas anglofrancesas. Fue la invención y rápido desarrollo del carro de combate lo que permitió aplicar esta táctica. Los alemanes fueron los primeros en darse cuenta de que era una poderosa arma de ataque autónoma. El general Heinz Guderian empezó a probar durante los ejercicios el uso combinado de escuadras acorazadas, coordinadas entre sí mediante la radio. Este sistema permitía complejas maniobras que hasta entonces habían sido totalmente impensables. Cuando estalló la Segunda Guerra Mundial los alemanes ya eran maestros en esta táctica, mientras que en otros ejércitos el carro de combate era considerado aún un medio de apoyo de la infantería. Los resultados quedaron de manifiesto con los triunfos de los nazis en todos los frentes.

PANZERDIVISION
Bandera de la división acorazada; además de la simbología nazi, incluía la calavera, o totenkopf, *símbolo de dos regimientos de húsares del ejército prusiano.*

PANZER E-75 (PZKPFW E-75)
Recreación del carro de combate pesado diseñado por Ferdinand Porsche en 1943 y nunca realizado.

Producción
Interior de una fábrica de vehículos blindados en 1940. En la foto se aprecian algunos procedentes del frente y alcanzados durante los combates.

BLINDAJES: TUNGSTENO Y MOLIBDENO

Durante la guerra, Portugal era el principal productor europeo de wolframita, de la cual se obtenía el tungsteno, un metal idóneo para la producción de blindajes resistentes, que vendía a ambos bandos. Tras fuertes presiones de los Aliados, el dictador portugués Antonio Salazar prohibió la venta del preciado metal a Alemania en junio de 1944. Los alemanes intentaron reemplazar el tungsteno por molibdeno en las aleaciones metálicas empleadas para el revestimiento de los *Panzer*. La función del molibdeno era aportar una cierta elasticidad a la coraza, para que fuese más resiliente.

La resiliencia es la capacidad de un material de resistir golpes repentinos. Aunque los dos metales son bastante parecidos en cuanto a sus propiedades químicas, el tungsteno posee un mayor punto de fusión, que supera los 3.400 °C, y una mejor unión con el hierro. No obstante, hacia el fin de la guerra, en Alemania empezó a faltar también este metal y la ausencia de molibdeno volvió un poco más frágil el blindaje de los tanques fabricados a partir de enero de 1945 cuando un proyectil impactaba en su estructura.

Resistencia a los golpes
Costado de la torreta de un Panzer *con tres impactos de proyectil de 75 mm disparados por un* Sherman *norteamericano en junio de 1944.*

Heinz Guderian
Considerado el padre de las tropas acorazadas alemanas, que contribuyó a organizar a finales de la década de 1930. También está considerado como uno de los más hábiles generales de la Segunda Guerra Mundial.

Panzer V Panther

Al comienzo de la guerra los alemanes utilizaron los Panzer I, II, III y IV, pero cuando apareció el carro sovietico T-34, estos modelos resultaron obsoletos e incapaces de competir con el potente tanque ruso. Por esta razón en 1943 fue diseñado el Panzer V Panther, considerado comúnmente el mejor carro de combate alemán de todo el conflicto. Y eso que al inicio no era de los mejores: las primeras 200 unidades fueron empleadas en la batalla de Kursk durante el verano de 1943, pero su aportación fue casi nula. Mostraban graves defectos en cuanto a su fiabilidad mecánica, imputables en buena medida a la apresurada puesta a punto y a los ensayos no completados de los nuevos vehículos. Tras otra fase de pruebas, los Panzer V Panther se enfrentaron otra vez a los soviéticos en septiembre en las inmediaciones de Kolomak: en esta ocasión demostraron una fiabilidad muy alta: en veinte minutos de enfrentamiento destruyeron 28 carros soviéticos sin sufrir una sola pérdida.

Columnas acorazadas
Carros de combate alemanes en marcha durante la batalla de Kursk, librada en julio de 1943 contra el Ejército Rojo.

STANDARDPANZER E-75
Torreta de un modelo de Panzer que no pasó de la fase de proyecto. El blindaje mínimo previsto era de 86 mm.

EL *ZIMMERIT*

Los carros de combate alemanes fueron diseñados con un revestimiento de una pasta adhesiva llamada *zimmerit*, fabricada por la Chemische Werke Zimmer A.G., como protección contra las minas magnéticas. Este producto, que era aplicado en las unidades que operaban cerca de la línea del frente, confería a los vehículos un aspecto típicamente rugoso. La finalidad de este revestimiento, que no poseía propiedades antimagnéticas, era crear una superficie de cierto espesor que se interpusiera entre la mina y el tanque, aumentando la distancia con la mina en caso de deflagración. La falta de contacto directo reducía sensiblemente la atracción magnética entre los metales y hacía que la mina se desprendiese a causa de su mismo peso y de las vibraciones producidas por el movimiento del carro. El zimmerit dejó de usarse hacia mediados de 1944, cuando el ejército pasó a estar a la defensiva.

Reparaciones
Izquierda. Sustitución de una rueda de un Panzerkampfwagen V Panther dañado durante un combate.

Decoraciones
Centro. Distintivo en bronce para carros de combate creado el 1 de junio de 1940.

Panzer VI Tiger II

En el verano de 1944 entró en acción un nuevo modelo de carro de combate alemán, el Panzer VI Tiger II, con características superiores a las de sus predecesores. Ante todo, el blindaje se había incrementado hasta 150 mm en la parte delantera y a 180 mm en la torreta. El armamento principal era el temible cañón 8,8 cm KwK 43 L/71,2, que tenía un alcance de 2.200 m; gracias a eso era capaz de golpear a los tanques adversarios antes de que estos pudiesen entrar en acción. Debido a su enorme peso consumía demasiado carburante, por lo que era válido como posición defensiva, pero no tanto en el ataque, a causa también de la velocidad limitada.

La batalla de Kursk (5-16 julio 1943)
Participaron casi 7.000 carros de combate, 2.078 de la Wehrmacht y 4.869 del Ejército Rojo. Fue la batalla más grande jamás librada entre acorazados y una gran victoria soviética.

ENTWICKLUNG-SERIE

En mayo de 1942, el ingeniero jefe del *Waffenpruefamt* 6, Heinrich Ernst Kniekamp, propuso un programa para desarrollar carros de combate con características comunes con el nombre de *Entwicklung-Serie*. La idea fue aceptada en abril de 1943 y varias compañías recibieron la orden de realizar los proyectos de acuerdo con la directivas del plan. Este contemplaba seis proyectos divididos en clases por el peso: todos compartían un componente estandarizado para facilitar tanto la producción como el mantenimiento de los aparatos. Aunque algunos proyectos fueron completados y superaron la fase de fabricación más allá de los prototipos, el programa entero se vio ralentizado por la falta de materias primas y la evolución del conflicto, cada vez más desfavorable para Alemania. El fin de las hostilidades puso fin al desarrollo de los vehículos de la *Entwicklung-Serie*. Algunos modelos no pasaron del papel, otros alcanzaron la fase de prototipos, pero ninguno llegó a entrar en servicio activo. El plan del supercarro E-100 fue cancelado por decisión de Hitler para desarrollar, en su lugar, el tanque Panzer VIII Maus.

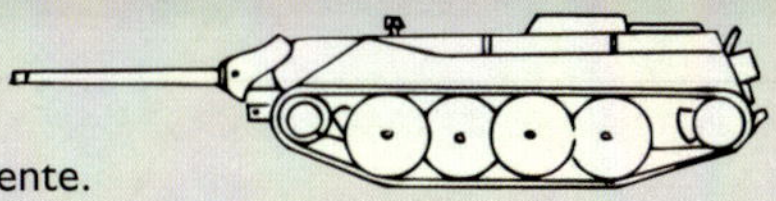

E-10

Carro ligero polivalente.

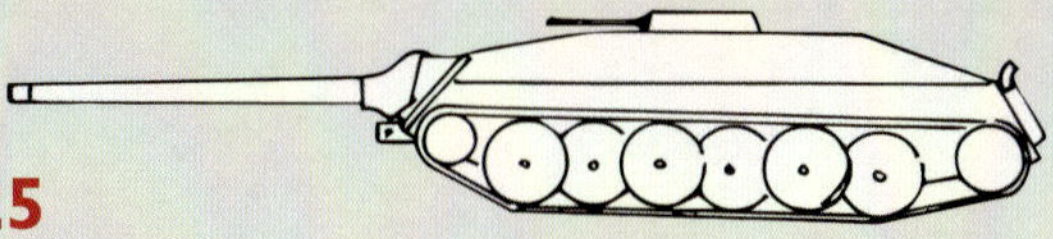

E-25

Sustituto del Panzer III y del Panzer IV.

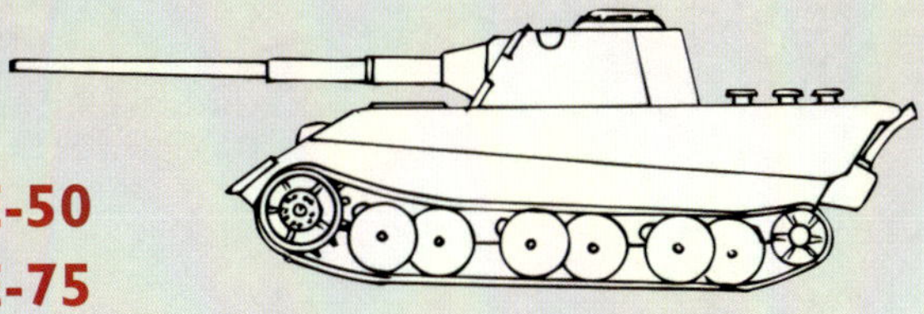

E-50
E-75

E-50: sustituto del Panzer V y del Panzer V Tiger.
E-75: sustituto del Tiger II y del Jagdtiger.

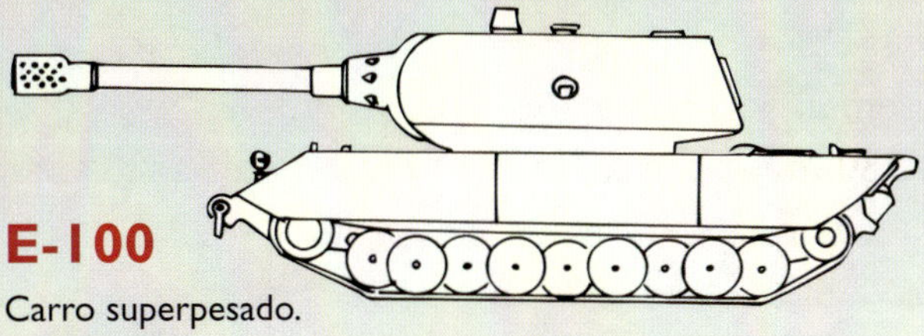

E-100

Carro superpesado.

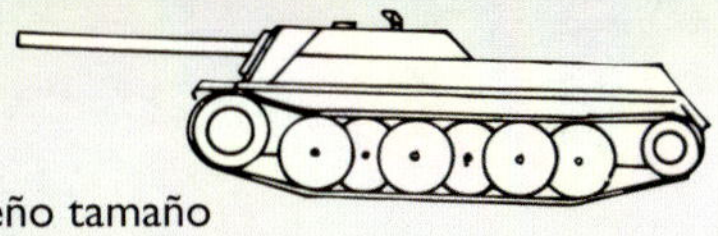

E-5

Carro ligero y de pequeño tamaño utilizado como lanzallamas.

SUPERCARROS DE COMBATE

En el transcurso de la guerra, los diseñadores alemanes trabajaron en una gran cantidad de vehículos acorazados de todas las formas y dimensiones. Algunos llegaron a ser construidos y puestos al servicio de las tropas, pero muchos se quedaron en la fase de proyectos y solo nos han llegado dibujos y maquetas.

PANZER VII LÖWE

En 1941, dentro de la operación *Barbarroja*, los alemanes invadieron la Unión Soviética. Durante las primeras acciones capturaron algunos carros de combate rusos, que fueron enviados a las fábricas Krupp para ser analizados. Los técnicos alemanes enseguida se dieron cuenta de la superioridad de esos tanques y se pusieron manos a la obra para diseñar uno que pudiera competir con ellos. Así nació la idea del Panzer VII Löwe, del que se plantearon dos versiones: una llamada *leichte* (ligera) y otra *schwere* (pesada), ambas equipadas con el cañón L/70 de 105 mm y una ametralladora coaxial. Con el paso del tiempo Hitler ordenó concentrar los esfuerzos en la versión pesada, pero a finales de 1942 el proyecto fue anulado en favor del Panzer VIII Maus.

LANDKREUZER SERIE P

Nacido de la imaginación del escritor de ciencia ficción H. G. Wells, el crucero terrestre (*Landkreuzer*) fue proyectado por técnicos alemanes, decididos a construir el carro de combate más grande nunca visto: cerca de diez veces más pesado que los aparecidos sobre el terreno en los primeros años de la guerra. El proyecto, aprobado por Hitler, fue puesto en marcha por Krupp en junio de 1942. A finales de ese mismo año los técnicos presentaron diseños a Albert Speer, ministro de armamento, pero no fueron acogidos

LANDKREUZER P-1000
De acuerdo con las intenciones de la Alemania nazi, este tanque sería el carro de combate más pesado y potente de la historia. Su peso, de 1.000 toneladas, superaría en cinco veces el del Panzer VIII Maus, del que se construyeron dos prototipos.

ARMAMENTO DEL LANDKREUZER P-1000

El armamento principal del supercarro Landkreuzer P-1000 Ratte consistía en un par de cañones navales de 280 mm SK C/34 montados sobre una torreta pesada del tipo usado en las unidades de la clase *Scharnhorst*, debidamente modificada para tener solo dos bocas de fuego, en lugar de las tres normales. El armamento secundario habría estado integrado por un cañón anticarro de 128 mm (el mismo instalado en el cazacarros Jagdtiger o el Panzer VIII Maus, dos cañones automáticos de 15 mm Mauser MG 151/15 y ocho cañones antiaéreos Flak 38 de 20 mm, montados en una única torreta, la Flakvierling 38, o combinados en grupos de dos o tres. Los cañones de 280 mm servían para disparar a larga distancia sobre objetivos grandes; el de 128 mm encararía a los carros de combate o cazacarros, mientras los dos cañones automáticos de 15 mm serían usados contra la infantería y vehículos ligeros o con poco blindaje; los ocho cañones de 20 mm ofrecerían cobertura frente a los ataques aéreos enemigos.

favorablemente, lo que convenció al Führer de abandonar la idea de su realización. El Landkreuzer habría pesado alrededor de 1.000 toneladas y, para compensar su enorme peso, el *Ratte* (así se habría llamado) tendría que ir equipado con tres filas de orugas a cada lado de 1,2 metros de ancho cada una para

Landkreuzer P-1000
Comparación de las dimensiones del modelo P-1000 con un carro armado tradicional y un vehículo blindado.

LANDKREUZER P-1000/P-1500

LANDKREUZER P-1500 MONSTER
Proyecto de un carro más grande: el P-1000 Ratte.

De haber sido construido, el Landkreuzer P-1000 Ratte se habría convertido en el supercarro de combate más pesado y potente de la historia. Adolf Hitler había aprobado el proyecto, presentado por la firma Krupp en 1942, después de que la industria alemana elaborara un estudio sobre los tanques pesados soviéticos. El proyecto fue cancelado por Albert Speer a inicios de 1943 y ninguna unidad fue terminada. Las dimensiones previstas eran impresionantes: 35 m de largo, 14 de ancho y 11 de alto; el peso estaba en torno a 1.000 toneladas. El equipamiento necesario para maniobrar superaba las 20 unidades, que podían llegar a 41. El supercarro, de cuya tracción se encargaban 6 orugas de 1,2 m de anchura cada una, podía desarrollar una velocidad de 40 km/h, con una autonomía cercana a los 200 km; dos motores navales diésel MAN V12Z32/44 de 24 cilindros con una potencia de 6,2 MW cada uno, como los montados en los *U-Boot*, aportaban el impulso. También como en los submarinos, el Ratte contaría con esnórquel en una versión ligeramente modificada respecto a la instalada en los *U-Boot*. Suministrarían aire a los motores para su funcionamiento durante operaciones anfibias o para vadear ríos en zonas de aguas profundas.

un total de 7,2 metros. El tanque dispondría de ocho motores diésel marinos Daimler-Benz MB 501, de 20 cilindros con 2.000 caballos (1,5 MW) cada uno (como los montados en los torpederos *Schnellboot*) para obtener la potencia de 16.000 caballos necesaria para moverlo. La velocidad máxima prevista, en teoría, era de 40 km/h, aunque difícilmente habría podido alcanzarla. Los problemas logísticos hicieron desistir de construir un solo prototipo: habría resultado demasiado costoso, tanto en horas de trabajo como en materiales. Además, su tonelaje no habría pasado desapercibido para los observadores aliados, con lo que su destrucción se habría convertido en el objetivo prioritario de los bombarderos enemigos.

PANZER VIII MAUS

De este supercarro de combate se construyeron dos prototipos, uno en noviembre de 1943 y otro en junio de 1944, a raíz de un proyecto presentado por Ferdinand Porsche a Adolf Hitler en junio de 1942, que obtuvo la aprobación del Führer y la del ministro de armamento Albert Speer. No se tienen noticias de la participación de este tanque, aunque se hallaron algunas unidades, seriamente dañadas, en el polígono de Kummersdorf, puede que alcanzados por los soviéticos o destruidos por los mismos alemanes. La fabricación fue prácticamente abandonada en el último año de la guerra, tras haber encargado seis unidades. El Panzer VIII Maus medía 10,09 m de largo, 3,67 de ancho y tenía una altura de 3,71 m; su peso era de 188 t. Un motor diésel de 1.200 CV permitía una velocidad de 20 km/h, con una autonomía de 160 km. Llevaba una tripulación de seis hombres. Este supercarro alemán era superior a todos los tanques aliados y a los soviéticos de la serie JS-1 e JS-2. Con un blindaje de planchas laminadas y soldadas de un grosor de 240 mm, podía hacer frente a casi cualquier otro tanque de la época. Sin embargo, el enorme peso limitaba sensiblemente la movilidad, sobre todo en terrenos blandos. Dado que había pocos puentes capaces de sostenerlo, el *Maus* estaba obligado a vadear los ríos y por eso iba equipado con un dispositivo esnórquel que le permitía sumergirse hasta los 8 m de profundidad.

CAZACARROS

Cuando en 1941 las fuerzas alemanas se enfrentaron a los tanques T-34 y KV 1 soviéticos, tuvieron que recurrir a contramedidas. Fue así como se pensó en vehículos especiales armados con dos cañones de alta velocidad, destinados exclusivamente a la destrucción de los carros de combate enemigos, denominados por eso cazacarros *(Panzerjäger)*. Entre los primeros en ser construidos estaba el Panzerjäger Tiger (P) Elefant, llamado *Ferdinand* en honor a su diseñador, Ferdinand Porsche. El modelo más exitoso fue el basado en la carrocería del PzKpfw V Panther, apodado *Jagdpanther* (*Pantera cazacarros*), que iba armado con el cañón PaK 43 8,8 cm L/71, montado en

Schwerer Jagdpanzer Elefant
Arriba. Tanque pesado cazacarros empleado en 1943 en el frente oriental y luego en el italiano a partir de 1944.

Jadgpanzer 38 (t) *Hetzer*
Izquierda. Restos del cazacarros ligero utilizado en las fases finales de la Segunda Guerra Mundial.

JADGPANZER 38(T) *HETZER*
Los soviéticos capturaron un ejemplar, pero se consideró que no era adecuado para las exigencias operativas.

febrero de 1944. Se construyeron 400 unidades y el vehículo combatió en el frente oriental, en Normandía y en las Ardenas, donde demostraría sus extraordinarias cualidades.

EL MISTERIOSO *KUGELPANZER*

Uno de los vehículos blindados más extraños jamás construidos fue el *kugelpanzer*, del cual se conserva un único ejemplar en el Museo de tanques de Kubinka, cerca de Moscú. Se trataba de un carro de combate para una sola persona y los proyectos se remontaban a la Primera Guerra Mundial. La falta de documentación acerca del proyecto de construcción obliga a hacer suposiciones sobre las circunstancias en las que este modelo fue proyectado y realizado, y los modos en que debía ser utilizado durante las operaciones bélicas. El único ejemplar conservado confirma que se trata de un vehículo de producción alemana, presumiblemente empleado solo para reconocimiento. Contaba con un blindaje de 5 mm y un motor monocilíndrico de dos tiempos. Una pequeña ventana en la parte delantera permitía la visión, mientras que una rueda direccional situada en la parte posterior guiaba las dos grandes ruedas con orugas circulares colocadas a ambos lados. Según otras hipótesis, el vehículo era usado como puesto de observación móvil para dirigir el fuego de la artillería, o directamente como vehículo kamikaze para pilotos suicidas terrestres. De hecho, el ejemplar expuesto en el museo de Kubinka fue capturado por soldados soviéticos, puede que en Manchuria, durante la conocida como guerra soviético-japonesa librada entre el 8 de agosto y el 2 de septiembre de 1945. Esto hace presumir que el vehículo, fabricado en Alemania, fue enviado a Japón por sus aliados alemanes, como ocurrió con muchas otras armas producidas o proyectadas por el Tercer Reich.

La técnica de misiles alemana alcanzó niveles nunca vistos hasta entonces. Los resultados obtenidos sentaron las bases para las conquistas espaciales en los años de posguerra de las dos potencias vencedoras: EE. UU. y URSS.

MISILES, COHETES Y BOMBAS

DISPOSITIVOS DESDE TIERRA

DISPOSITIVOS DESDE EL AIRE

TORPEDOS

LAS ARMAS DE REPRESALIA

LA SERIE *AGGREGAT*

EL PROGRAMA NUCLEAR ALEMÁN

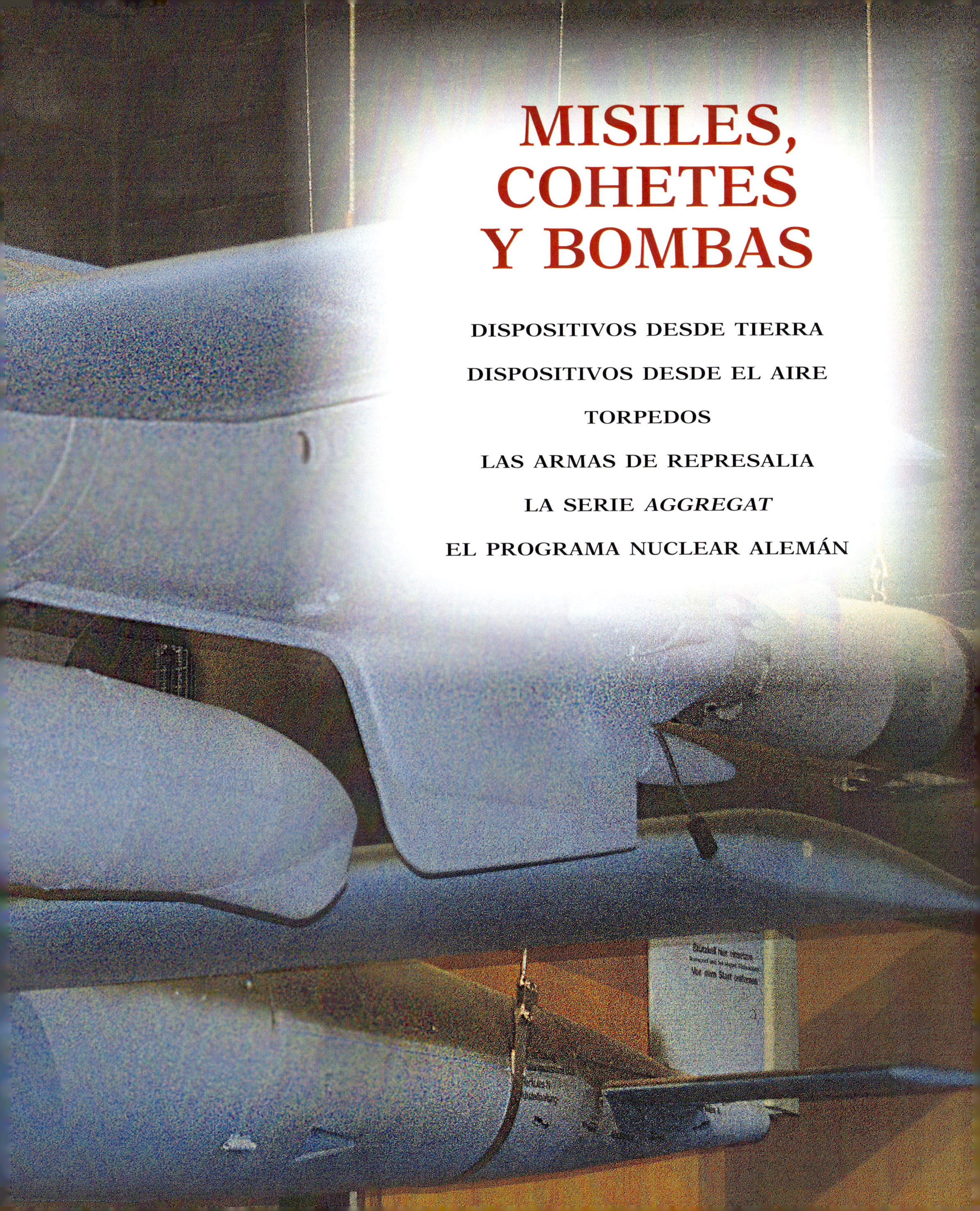

DISPOSITIVOS DESDE TIERRA

Los diseñadores alemanes fueron magníficos técnicos en todos los sectores de armamento, pero en lo que sin duda fueron pioneros fue en el terreno de los misiles. Concibieron el primer misil *cruise*, el primer misil balístico de corto alcance, los primeros misiles guiados tierra-aire y los primeros misiles antibuque. En 1945, el último año de la guerra, había en estudio noventa tipos de misiles, entre ellos los misiles tierra-aire que habrían podido hacer frente con eficacia a los bombarderos aliados que martirizaban el suelo alemán.

Rheintochter

Uno de los primeros misiles tierra aire en ser probados fue el Rheintochter (*Doncella del Rin*). El proyecto fue desarrollado en 1942 y en agosto del año siguiente se efectuó el primer vuelo. Con

Rheintochter
Rampa de lanzamiento del misil desarrollado por la Wehrmacht en 1942. Toma su nombre de las Rheintöchter, *ninfas del Rin, personajes mitológicos del ciclo operístico de Richard Wagner* El anillo del Nibelungo.

MOTORES COHETE
En 1946, Wernher von Braun y sus colegas estadounidenses estudiaron las mejoras a realizar a los cohetes utilizados en los misiles alemanes durante la guerra.

6,3 metros de altura, un diámetro de 54 cm y una carga máxima de 150 kg de explosivo, utilizaba cohetes de propulsión sólida para ambas fases e iba guiado por radio. El operador seguía visualmente los destellos de la cola del misil. Entre agosto de 1943 y enero de 1944 fueron lanzados tres que llegaron a los 6.000 metros de altitud, a una velocidad de 485 metros por segundo.

Estas pruebas no complacieron del todo al Ministerio de la Aviación, que necesitaba un cohete que alcanzase una altura de 10-12 km. A continuación, fue trasladado a Peenemünde, donde se llevaron a cabo modificaciones bajo la supervisión directa de Dornberger. En mayo de 1944 se probó una nueva versión (R-3) con dos variantes: la R-3F con un motor Konrad y la R-3R con motor de propelente para cohetes sólido. Más corto que la primera versión (4,75 metros frente a los 6,3 originales), logró en las pruebas los objetivos deseados, a pesar de lo cual el proyecto fue abandonado en enero de 1945.

FEUERLILIE F-25 Y F-55

Feuerlilie era el nombre en código de un misil antiaéreo que se empezó a desarrollar en 1940. El proyecto fue dejado de lado en enero de 1945 en favor de otros. El modelo F-25 era una versión a escala reducida que servía para verificar el comportamiento del misil en el aire. Los resultados obtenidos en el túnel de viento a finales de 1943 fueron satisfactorios, pero no en lo relativo a los motores. El Feuerlilie F-55, desarrollado a partir del F-25, era un misil supersónico de dos fases lanzado desde una rampa inclinada. Se encargaron cinco unidades y, tras varios retrasos, fue probado en noviembre de 1944, y en varias ocasiones más, hasta la última prueba en diciembre de 1944 .

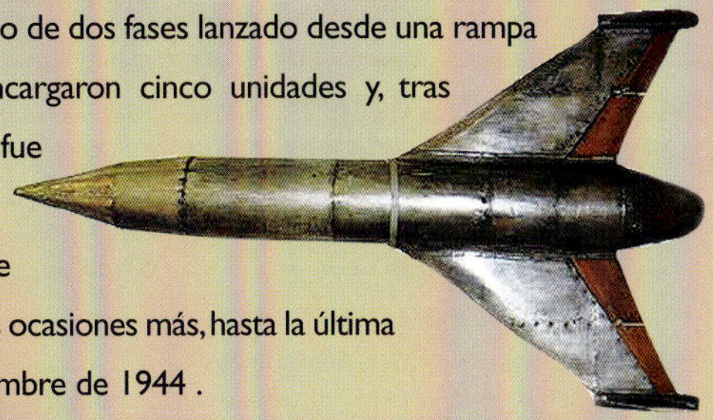

HENSCHEL HS 117 SCHMETTERLING

Otro proyecto de misil tierra-aire desarrollado en estos años fue el Henschel Hs 117 Schmetterling, una propuesta de 1941 del ingeniero Herbert Wagner en colaboración con Hellmuth Walter. En un primer momento fue rechazado, porque se pensaba que la guerra terminaría en poco tiempo, pero se retomó en 1943, cuando la marcha del conflicto empezó a ser desfavorable para Alemania. Se trataba de un misil de poco más de 4 metros de largo, equipado en su primera versión con un motor BMW 109-558 de combustible líquido. Luego se pasó a un motor Walter HWK 109-729 que utilizaba propelente líquido hipergólico. El misil era controlado mediante el sistema Kehl/Estrasburgo y empleaba cuatro frecuencias de radio, dos para

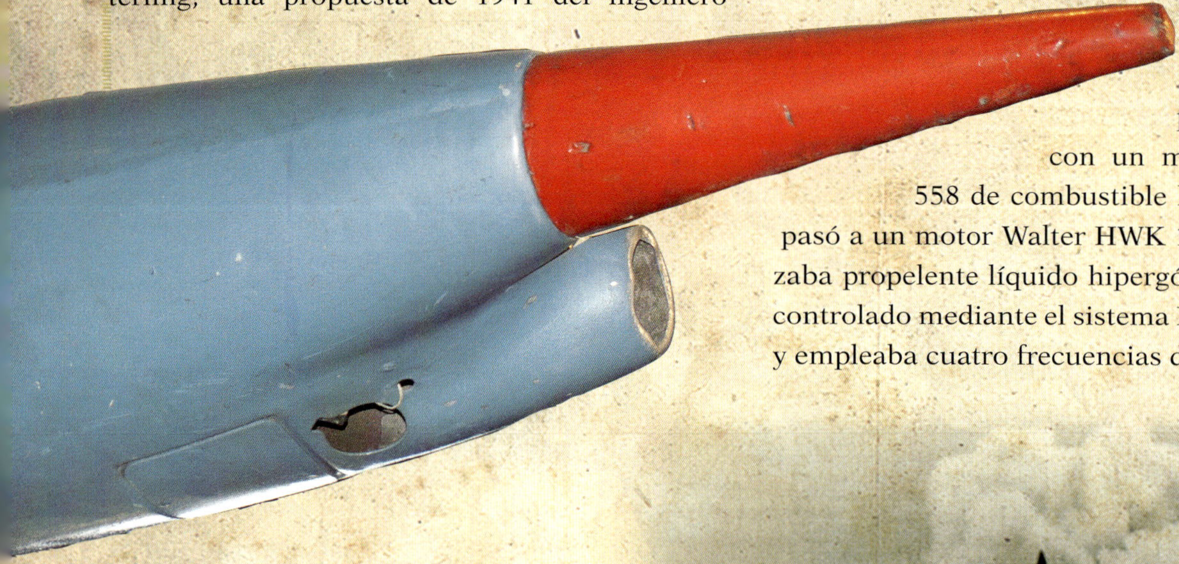

HENSCHEL HS 117 SCHMETTERLING
Arriba. Parte frontal de un misil tierra-aire expuesto en el Deutsches Technikmuseum de Berlín.
Centro. Plataforma con dispositivo de lanzamiento del Henschel Hs 117.

WASSERFALL *FERNGELENKTE FLAKRAKETE*
Abajo. Lanzamiento del gran misil antiaéreo que no tuvo tiempo para entrar en servicio; habría tenido un alcance de 48 km.

las órdenes verticales y dos para las horizontales; una quinta frecuencia servía para hacer explotar la ojiva. En mayo de 1944 se realizaron 59 lanzamientos de prueba y, aunque más de la mitad fallaron, se ordenó la producción de 3.000 misiles al mes a partir de diciembre de aquel mismo año. Debido al caos de los últimos meses de la guerra, la orden no se llevó nunca a cabo y en febrero de 1945 el *Obergruppenführer* Hans Kammler anuló el proyecto.

RHEINTOCHTER
Modelo del misil tierra-aire producido por la Rheinmetall-Borsig AG. Tenía una altura de 6,3 m y un diámetro de 54 cm.

EL SISTEMA DE GUÍA NOCTURNO DEL WASSERFALL

Vista la dificultad del sistema de radiocontrol del misil tierra-aire Wasserfall durante las operaciones nocturnas, los técnicos alemanes pensaron en desarrollar un nuevo sistema bautizado como Rheinland, que utilizaba un dispositivo de radar para el seguimiento del objetivo y un transpondedor (dispositivo que retransmite una señal) colocado en el interior del misil para su localización durante el vuelo. Una estación receptora en tierra leía las señales. Tras el lanzamiento, una sencilla calculadora analógica dirigía el misil hacia el objetivo con ayuda de la señal de radar, utilizando el transpondedor para posicionarlo en la dirección adecuada. En ese punto, el operador podía observar ambas señales destellando sobre una única pantalla y guiar al Wasserfall hacia su meta igual que durante el día. El complejo que coordinaba el sistema de guía, llamado Elsass, estaba compuesto por una estación de radar que interceptaba el vehículo enemigo, otra emisora que recibía y transmitía señales al misil, un contador analógico conectado con ambas, cables telefónicos para unir el radar con los locales donde un operador gestionaba la puntería por medio de una pantalla, un generador eléctrico a distancia, una antena circular polarizada y la rampa de lanzamiento del misil, próxima a un generador de apoyo para alimentar el ascenso de los motores del dispositivo.

TAIFUN CONTRA LAS FORTALEZAS VOLANTES B-17

El Taifun era un cohete antiaéreo cuyo proyecto fue autorizado por Hermann Göring en 1942. Estos misiles debían ser lanzados en masa contra las formaciones de los bombarderos estadounidenses US B-17 *Flying Fortress* a la espera de que alguno de ellos lograse acertar a un avión enemigo. Desarrollado en Peenemünde, el Taifun medía casi 2 m de largo y tenía 10 cm de diámetro; disponía de cuatro pequeñas aletas para estabilizarlo. Estaba previsto que alcanzara una altura de 12 km. Se encargó una gran cantidad de unidades para su entrega en enero de 1945, pero los retrasos en la fabricación de los motores impidieron que el arma llegase a estar operativa.

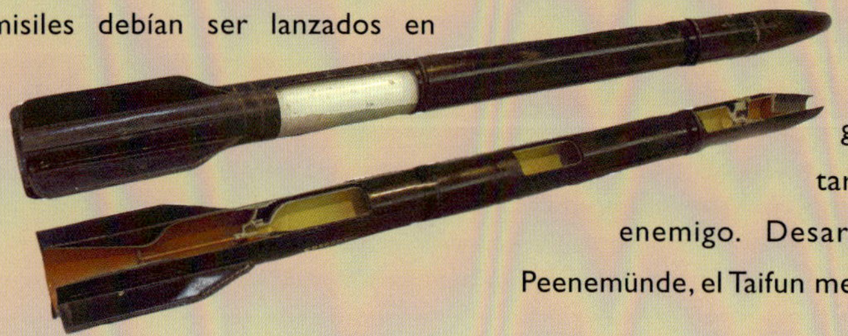

El Wasserfall

El Wasserfall *Ferngelenkte FlakRakete* fue un gran misil antiaéreo alemán cuyo desarrollo comenzó en 1941. El proyecto quedó terminado en noviembre de 1943. Era un dispositivo muy similar al *Aggregat A-4 B* (conocido como V2). Como otros de su categoría, no tuvo tiempo de entrar en servicio. Era un arma impresionante, con 7,85 m de longitud, 2,51 m de diámetro y un peso de 3 t; viajaría a una velocidad de 2.800 km/h con un alcance de 25 km, que podría haber llegado hasta los 48 km.

Como la finalidad de esta arma era alcanzar la altitud de vuelo de los grandes bombarderos aliados, se aligeró para reducir el tamaño casi una cuarta parte respecto a los cohetes V2. El sistema de guía durante las operaciones diurnas estaba basado en un control por radio de tipo MCLOS, el método de primera generación para el guiado de misiles, que empleaba una especie de *joystick* para el control remoto del dispositivo; el sistema de guía durante el vuelo nocturno era mucho más complejo.

La fase preparatoria del proyecto se inició en 1941 y las especificaciones finales quedaron ultimadas en noviembre de 1942; los primeros modelos fueron probados en marzo de 1943, pero unos meses más tarde se produjo un parón a causa de la pérdida del ingeniero Walter Thiel, que se ocupaba de los motores, muerto durante un ataque

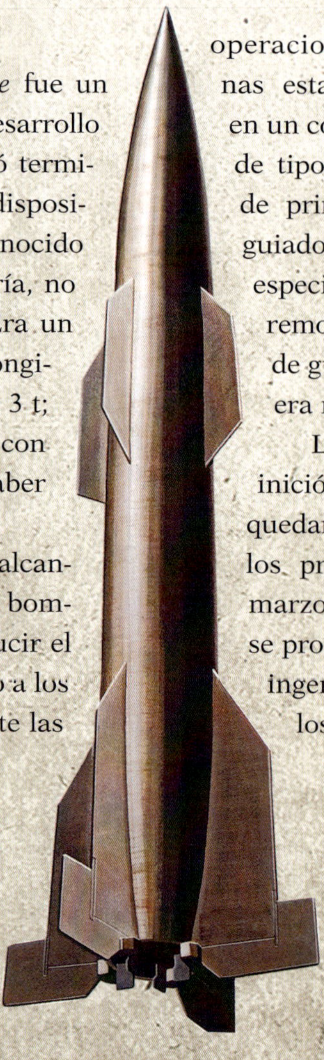

Wasserfall Ferngelenkte FlaRakete
El misil fue desarrollado en Peenemünde a partir del cohete V-2, pero para permitirle alcanzar la altitud de vuelo de los bombarderos aliados se redujo su tamaño casi en una cuarta parte.

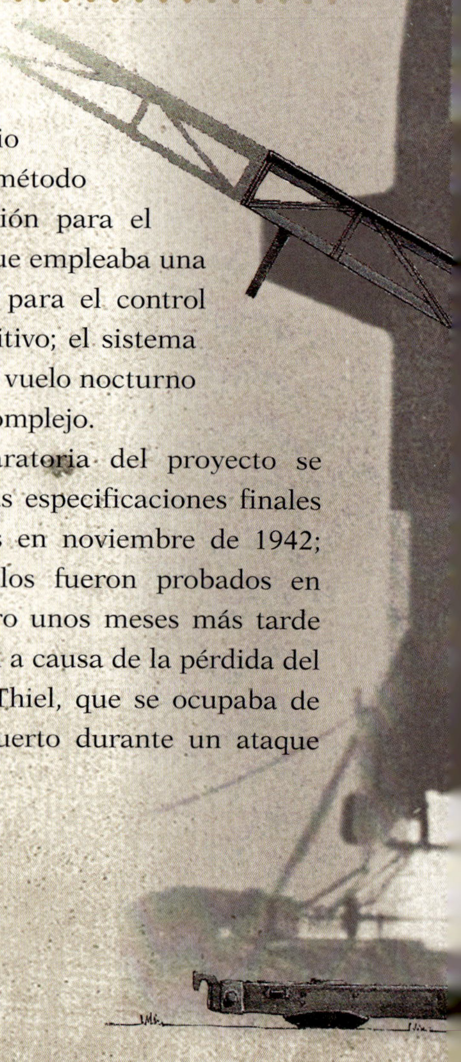

EL MISIL ANTIAÉREO ENZIAN

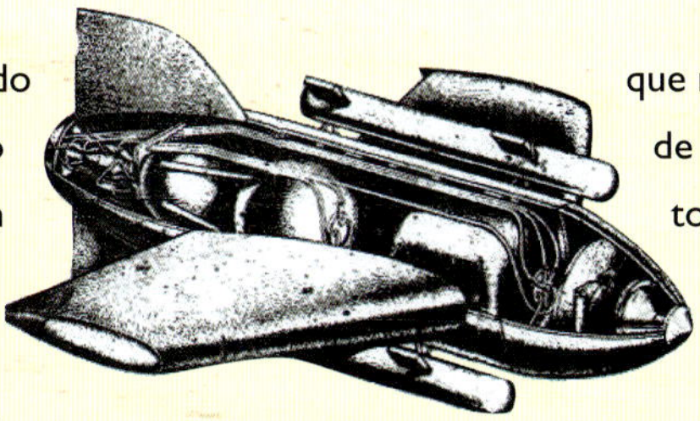

Este misil antiaéreo alemán, denominado Messerschmitt Enzian E-4 e ideado en torno a 1944, fue el primero en usar un sistema de radiocontrol por infrarrojos. Llevaba una cabeza explosiva de 500 kg. Era dirigido y se le hacía explotar en medio de la formación de los bombarderos enemigos, a la espera de que el fuerte impacto abatiese más de uno. Para aligerar el misil, se había previsto que muchas partes fueran de madera en lugar de metal. Se realizaron 38 pruebas de vuelo, todas con resultados en general favorables, aunque la fabricación del motor sufrió retrasos. En enero de 1945 muchos proyectos fueron abandonados para concentrarse en los que se hallaban en fase más avanzada, entre ellos el Enzian; la versión Enzian 5, si hubiera llegado a construirse, habría sido supersónica.

aéreo aliado sobre Peenemünde. Se efectuaron algunos lanzamientos de prueba en 1944, pero los trabajos terminaron en febrero de 1945, cuando fue evacuada la base. Del proyecto de este misil derivan el estadounidense Hermes-A1 y el soviético conocido con la denominación R-101.

ENZIAN E-4
Rampa de lanzamiento del misil tierra-aire creado por la Messerschmitt AG hacia 1944, tras darse cuenta de que el caza interceptor Me 163 Komet *no daba los resultados esperados durante los combates.*

DISPOSITIVOS DESDE EL AIRE

WERFERGRANATE 21
Un escuadrón de tierra de la Luftwaffe carga uno de los dos lanzacohetes instalados bajo las alas de un interceptor Focke-Wulf Fw 190. El proyectil tenía una carga explosiva devastadora, que podía dañar o abatir más de un bombardero enemigo con un solo golpe, sobre todo si estos volaban en formación cerrada.

La necesidad que existía de contrarrestar la supremacía aérea de los Aliados empujó a los técnicos alemanes a investigar armas cada vez más sofisticadas. En los últimos meses de la guerra lograron construir el que sería el primer misil aire-aire, el bautizado como Ruhrstahl X-4, pero la Luftwaffe no contó con él a tiempo de utilizarlo porque antes de tener ocasión Alemania se había rendido.

LA BOMBA PLANEADORA

A partir de 1943 algunos aviones de la Luftwaffe fueron equipados con la Ruhrstahl SD 1400, una bomba guiada planeadora con el nombre en código *Fritz X*, para ser empleada contra las unidades navales de los Aliados. Era transportada por bombarderos, dado que pesaba 1,57 t y medía 3,32 m de largo, con un diámetro de 1,4 m. La carga estaba constituida por 320 kg de amatol, una mezcla explosiva integrada por nitrato de amonio y trinitrotolueno (utilizada también en las V2 y V1). El alcance máximo era de 5 km, que recorría a la velocidad de 1.235 km/h. En la cola de la *Fritz X* había dos aletas estabilizadoras, un freno aerodinámico para reducir la velocidad de impacto y controlar mejor la dirección, y un radiorreceptor, que recibía y transmitía las señales de radio a y desde el vehículo que la transportaba. Este dispositivo hundió o dañó varios cruceros y acorazados.

WERFERGRANATE 21

El Werfergranate 21, derivado del lanzacohetes pesado de infantería de 21 cm Nebelwerfer 42, fue instalado en aeronaves de la Luftwaffe entre 1943 y 1945. En 1942, tras los primeros enfrentamientos con bombarderos estadounidenses, los responsables de la Luftwaffe se dieron cuenta de que atacar una formación compacta de B-17 *Flying Fortress* conllevaba grandes pérdidas por el potencial defensivo a bordo de los aviones enemigos. Se estudió cómo golpear desde lejos y se pidió a la industria alemana que produjera un misil aire-aire antibombardero. Así nació un lanzacohetes con un alcance máximo de 1 km, una velocidad de 320 m/s y una carga de 40,6 kg de explosivo de alto poder. La instalación en los aparatos limitaba mucho sus prestaciones, como se vio cuando los cazas aliados empezaron a escoltar a los bombarderos.

Este misil estaba basado en análisis de los proyectos del ingeniero Max Kramer realizados a partir de 1943, motivo por el cual se le conocía también con el nombre de Kramer X4 o RK 344 Ruhrstahl-Kramer. Al finalizar la guerra, el Kramer fue llevado a Estados Unidos.

Henschel Hs 293
Ejemplar del misil aire-tierra diseñado por Henschel Flugzeugwerke AG expuesto en el Deutsches Museum de Múnich en Baviera.

RUHRSTAHL RU 344 X-4

Desde finales de 1943 hasta mediados de 1944 se produjeron 225 prototipos del Ruhrstahl X-4, un misil filoguiado aire-aire con un cohete de propelente sólido. Para evitar complicaciones, el misil era guiado mediante un cable de 5,5 km de longitud y un grosor de 0,2 mm; una bengala situada en la cola permitía el control visual mientras se utilizaba con el sistema estándar de reflexión cuando se encontraba a unos 3 km del objetivo. Medía 2 m de largo y pesaba 560 kg; se desplazaba a una velocidad de 900 km/h y su alcance era de entre 1,5 y 3,5 km. De este misil se construyeron alrededor de 1.300 ejemplares. Hizo su primera aparición pública en junio de 1944, durante la batalla de Normandía, lanzado desde un Focke-Wulf Fw 190; más tarde fue montado en Junkers Ju 88G y Ju 388. Los bombardeos aliados sobre las fábricas que producían los motores impidieron el montaje de muchas unidades destinadas a equipamiento de los Messerschmitt Me 262.

HENSCHEL HS 293
Lanzamiento desde avión de un misil Hs 293 *contra un buque enemigo. Se preferían objetivos navales para no desvelar los secretos de esta nueva arma si caía sin explotar en tierra.*

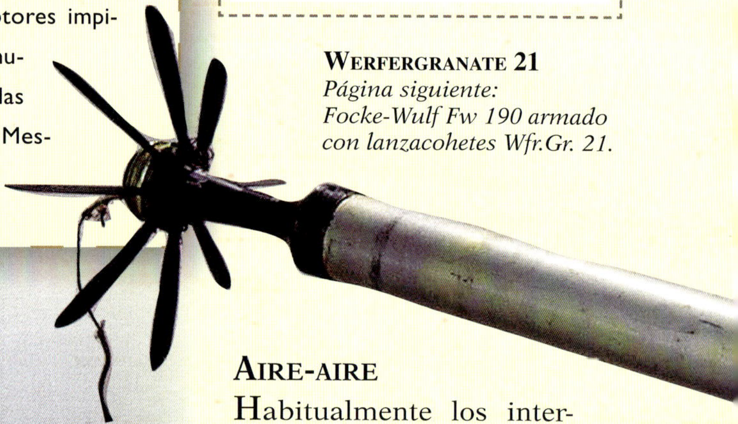

WERFERGRANATE 21
Página siguiente: Focke-Wulf Fw 190 armado con lanzacohetes Wfr.Gr. 21.

AIRE-AIRE

Habitualmente los interceptores iban equipados con cañones de 20 o 30 mm, que no lograban derribar de un solo golpe a un bombardero enemigo. Y, sobre todo, debían reducir la velocidad al acercarse al adversario para tener mayor

HENSCHEL HS 293

Para atacar a los acorazados enemigos durante la navegación, la Luftwaffe usaba bombas convencionales lanzadas desde gran altura, lo que imprimía al dispositivo una fuerte energía cinética capaz de perforar el blindaje o evitar el fuego de los cañones antiaéreos. La Henschel HS 293 era una bomba de 500 kg con un motor cohete diseñado para este fin. Esta bomba planeadora tenía una envergadura de 3 m y se soltaba desde una altura de unos 1.000 m. Medía 3,8 m de largo y su velocidad dependía mucho del ángulo de planeo, aunque podía llegar hasta 900 km/h. La Henschel HS 294 fue usada con discreto éxito a partir de 1943, pero los bombarderos que la transportaban resultaban muy vulnerables, por lo que se pasó al modelo siguiente, Henschel HS 294.

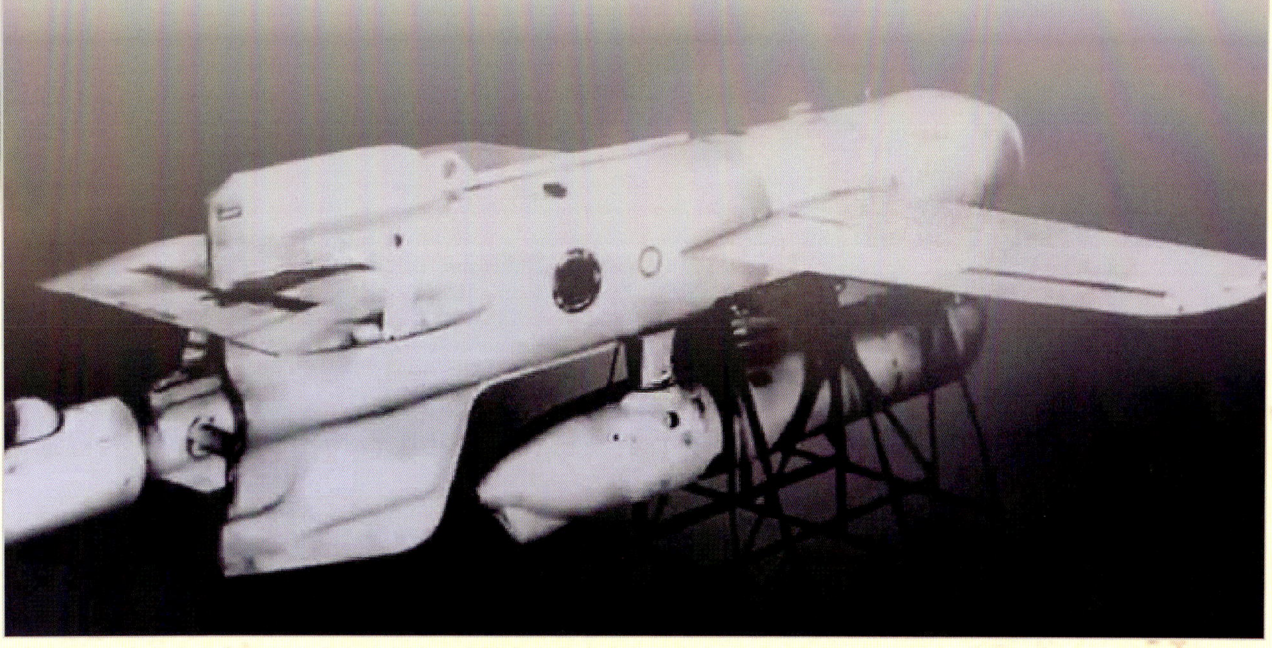

probabilidad de éxito. Al hacerlo se exponían al fuego de ametralladora y constituían un objetivo fácil. Fue así como se pasó a los cohetes de carburante sólido con una cabeza similar a la del obús del cañón. Los R4M, también llamados *Orkan* (huracán), hicieron su aparición en 1945: seis Me 262 armados con R4M, que despegaron del centro experimental de vuelo de Oberammergau con el general Gordon Gollob de la Luftwaffe al mando, derribaron a catorce B-17.

El cohete llevaba una aleta plegable y su ojiva contenía una carga explosiva de 520 kg. Su alcance era de 1.000 metros, aunque solía dispararse a no más de 600 metros del objetivo. Tras la guerra sirvió de modelo para el FFAR (*Fin-Folding Aerial Rocket*).

R4M
Arriba: Misil antiaéreo cuyas siglas equivalen a Rakete, 4Kilogramm *y Minenkopf.*

TORPEDOS

G7ES (TV) *ZAUNKONIG*
Izquierda. Dos transductores acústicos reaccionaban al sonido y detectaban la señal procedente de uno de los costados de la embarcación enemiga.

HEINKEL HE-111 H-6
Abajo. Avión de la Luftwaffe armado con dos torpedos KG 26.

Antes de que se desatase el segundo conflicto mundial, la Kriegsmarine había encargado a sus técnicos que diseñaran torpedos de alimentación eléctrica para sus sumergibles, difíciles de detectar ya que, a diferencia de los torpedos tradicionales, no dejaban una estela visible. En 1939 salieron de las plantas alemanas los G7, comúnmente llamados *Eto*, propulsados por un motor eléctrico de 74,6 kW y con un alcance máximo de 7.500 metros a 56 km/h.

TORPEDO AERONAVAL F5B
Expuesto en el Museo Naval de Gdynia, Polonia.

G7E/T4 *FALKE*

En marzo de 1943 entró en servicio el primer torpedo de guiado acústico, el G7e/T4 *Falke*. Funcionaba como uno normal durante los primeros 400 metros,

cuando se activaban los sensores acústicos que lo orientaban hacia el objetivo. Para reducir al mínimo las interferencias, su velocidad era de 37 km/h.

G7ES T5 *ZAUNKONIG*

El G7e/T4 *Falke* fue sustituido meses después por el más eficaz G7es. Este tenía un alcance de 5.700 metros, una velocidad de 42,3 km/h y un funcionamiento similar al del G7e.

Según las informaciones de las que se dispone, se dispararon unos 640 torpedos de este tipo, que hundieron 45 naves aliadas. Los objetivos alcanzados habrían sido seguramente más si los Aliados no hubieran aplicado una táctica de distracción: arrastraban con un cable de unos 200 metros un generador de sonidos que engañaba a los sensores del torpedo y le hacía desviarse del objetivo.

BOMBENTORPEDO BT 400

Con una longitud de aproximadamente 3 metros de largo y 200 kg de carga explosiva, fue el primero de una serie de torpedos (BT 200, BT 700 A, 700 B BT, BT 1000, BT 1850) de diferentes tamaños.

FOCKE-WULF FW 190
Arriba. Modelo de Focke-Wulf Fw 190 convertido en MTB (Motor Torpedo Boat).

***BOMBENTORPEDO* BT 400**
Izquierda. Potente torpedo para descarga a baja altura en línea recta hacia el objetivo, impulsado solo por su energía cinética.

Centro. Comparativa entre el tamaño de los Bombentorpedo *BT 1400 y BT 700.*

LAS ARMAS DE REPRESALIA

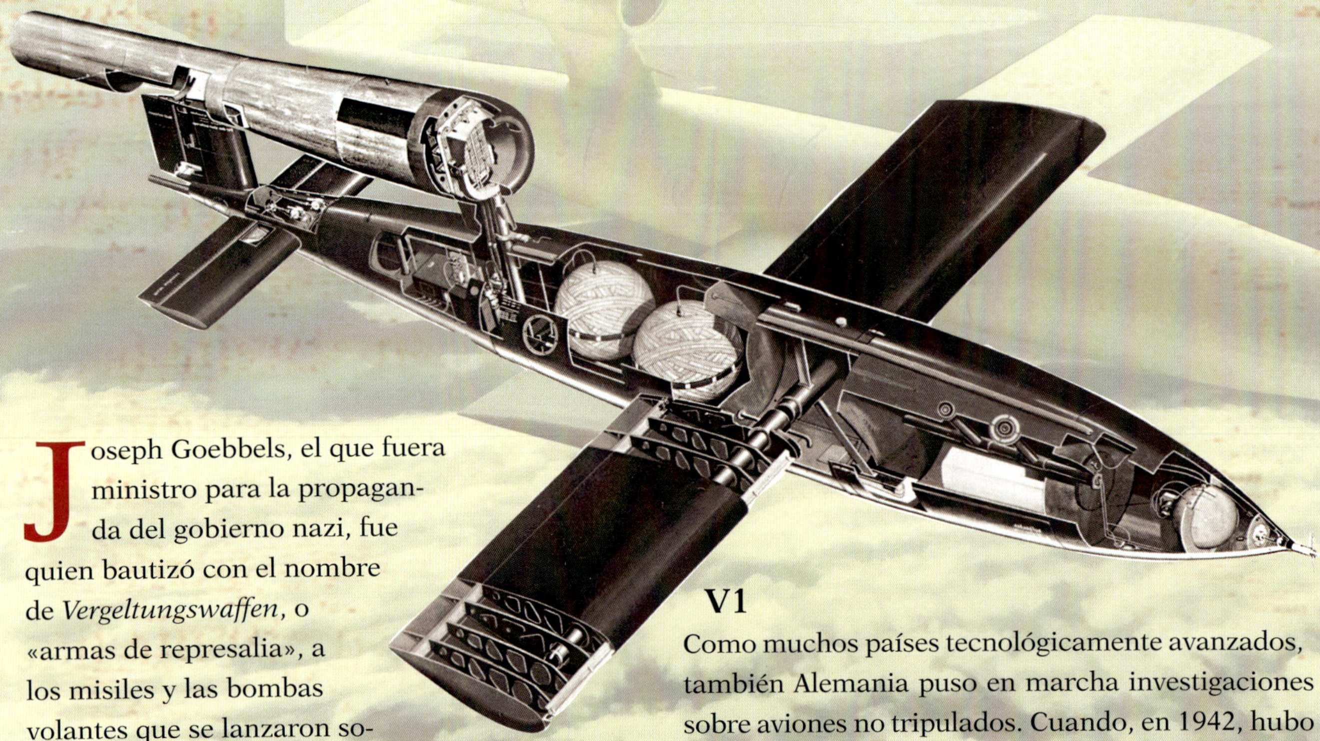

Esquema de una V-1
Dibujo realizado por la Air Force estadounidense, donde se aprecia el interior con los depósitos de combustible y dispositivos de vuelo.

Joseph Goebbels, el que fuera ministro para la propaganda del gobierno nazi, fue quien bautizó con el nombre de *Vergeltungswaffen*, o «armas de represalia», a los misiles y las bombas volantes que se lanzaron sobre Inglaterra, porque representaban la respuesta del Reich, a modo de venganza, a los bombardeos británicos sobre ciudades las alemanas.

V1

Como muchos países tecnológicamente avanzados, también Alemania puso en marcha investigaciones sobre aviones no tripulados. Cuando, en 1942, hubo que adoptar medidas para contrarrestar la eficacia de los aviones de la RAF, se pensó en una bomba volante con un motor pulsorreactor que tuviera un alcance de 250 km. El proyecto fue denominado

FIESELER FI 103 (V1)

Longitud	8,32 m
Altura	1,42 m
Peso	2.150 kg
Alcance	250 km
Sistema de guía	Piloto automático y giroscopio
Velocidad máxima	640 km/h
Motor	Pulsorreactor Argus As 014
Cabeza explosiva	830 kg
Tipo de explosivo	Amatol-39

REPRESALIAS

El primer ministro Winston Churchill ordenó al *Bomber Commander* de la RAF que iniciase los bombardeos sobre Alemania para dañar la infraestructura industrial. Sin embargo, estas incursiones no se limitaron a atacar las fábricas: muy a menudo iban dirigidas indiscriminadamente contra ciudades. A pesar de las fuertes presiones de los altos mandos de la Werhmacht y la Luftwaffe, Adolf Hitler, que confiaba en firmar la paz con Inglaterra, se negó durante meses a atacar el territorio enemigo. Alemania no empezó a bombardear Gran Bretaña hasta septiembre. Tras la intervención norteamericana se intensificaron de manera exponencial los ataques aéreos sobre las ciudades alemanas y su población. Los alemanes, que carecían de un número suficiente de bombarderos, decidieron atacar con dispositivos lanzados a distancia, los V1 y V2, que la propaganda presentó como las «armas de la venganza».

Flakzielgerät 76 (blanco para artillería antiaérea 76) y el primer lanzamiento se efectuó en diciembre de 1942, desde un Focke-Wulf Fw 200 que despegó de Peenemünde. Tras varias pruebas, se optó por un nuevo sistema de lanzamiento, no desde un avión sino desde una base terrestre. A partir de junio de 1944, estas bombas volantes, a las que se había dado el nombre de V1, empezaron a atacar Inglaterra partiendo de bases situadas en la zona de Calais. La ojiva de 830 kg tenía un radio letal de acción de unos 15 metros y podía destruir la mayoría de los edificios en un radio de 70 metros. Hasta marzo de 1945, se dispararon cerca de 10.000, de las cuales 2.419 cayeron sobre Londres, provocando 6.184 muertos y 17 .981 heridos.

SPITFIRE VS V1
Abajo. El piloto de un avión Spitfire se arriesga en una maniobra de interceptación: se pega a un V1 alemán en vuelo en el cielo de Gran Bretaña para procurar derribarlo con el ala de su aparato.

V2

Desde finales de los años veinte del siglo pasado, algunos científicos alemanes iniciaron las pruebas con cohetes de combustible líquido. La Reichswehr (Defensa nacional alemana) enseguida mostró interés por estos experimentos, sobre todo por los de Wernher von Braun, que en 1934 había creado un misil denominado A-2. En 1936 la Reichswehr encargó a von Braun que liderase un equipo de técnicos y en el plazo de pocos años lograron construir un misil (*Aggregat 4*) de indudables posibilidades. Tras las primeras pruebas, el cohete estuvo operativo en 1944 y viajó con su carga explosiva de 800 kg hasta suelo británico. Conocido vulgarmente como V2 (*Vergeltungswaffe 2*, «arma de represalia 2»), tenía un peso de 13.500 kg y una altura de 14 metros, con un alcance de aproximadamente 350 km y una velocidad de 5.200 km/h. Cuando los Aliados supieron de su existencia comenzaron a bombardear, cada vez con mayor eficacia, la base de Peenemünde donde se llevaban a cabo las principales pruebas, con lo que ralentizaron y retardaron la producción. Después de concluida la guerra, tanto los estadounidenses como los soviéticos se apropiaron de centenares de estos misiles y los usaron para impulsar programas que incluían la conquista del espacio.

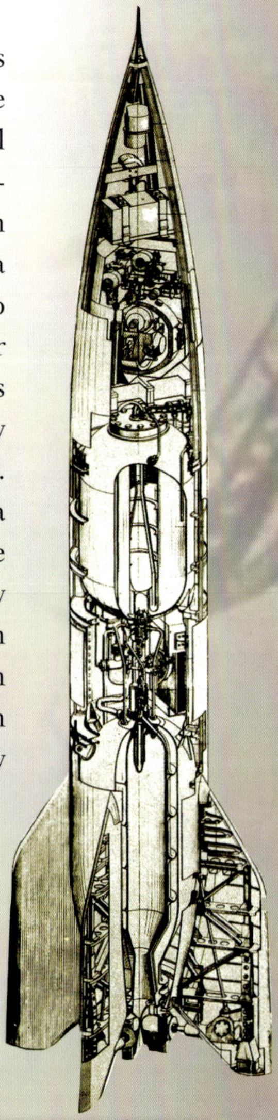

Lanzamiento de *V-2*
Foto de uno de los primeros lanzamientos desde la base de Peenemünde en 1943, tras las pruebas del año anterior.

AGGREGAT A4 (V-2)

Altura	14 m
Diámetro	1,65 m
Peso	13. 500 kg
Alcance	320-360 km
Sistema de guía	Giroscopio
Velocidad máxima	5.200 km/h
Altitud de vuelo	88-206 km
Cabeza explosiva	800 kg
Tipo de explosivo	Trinitrotolueno y nitrato de amonio

Motor de V2
Una carcasa de motor en las instalaciones subterráneas de producción en el campo de Dora-Mittlebau.

Frau in Mond
La mujer en la Luna *es una famosa película muda dirigida por Fritz Lang en 1929, en la que se presentaban por primera vez los fundamentos científicos de los viajes espaciales. El primer cohete lanzado desde Peenemünde tenía pintado en su base el logo de la película, en la que colaboró el científico Hermann Oberth.*

LA TIERRA VISTA DESDE UN V2

La primera imagen de la Tierra obtenida desde el espacio fue sacada durante un vuelo suborbital el 24 de octubre de 1946, cuando Estados Unidos lanzó desde la base de White Sands un V2, parte del botín bélico de finales de la Segunda Guerra Mundial. A bordo del mismo se había montado una máquina fotográfica capaz de disparar una foto cada 1,6 segundos. La imagen quedó impresa en película en blanco y negro de 35 mm a una altitud de 104 km, cuatro veces más elevada que la alcanzada en 1935 por el globo aerostático estadounidense *Explorer II* (25,37 km), que había ofrecido las primeras imágenes del planeta desde el espacio tomadas por un grupo de soldados y científicos en el desierto de Nuevo México. Las fotos confirmaron sin sombra de duda la curvatura de la superficie terrestre.

LA SERIE *AGGREGAT*

Después de la Primera Guerra Mundial se empezó a estudiar la hipótesis de los viajes espaciales y diversos científicos llegaron a la conclusión de que era posible llevar seres humanos al espacio a bordo de cohetes. Todas las naciones avanzadas emprendieron investigaciones. El interés aún fue mayor en Alemania por razones militares, ya que los cohetes no estaban incluidos en el Tratado de Versalles y se podía experimentar en ese campo. En 1930 comenzó sus primeros experimentos un joven alemán llamado Wernher von Braun. Enseguida atrajo la atención de las autoridades militares, que le encargaron la tarea de dirigir un grupo de técnicos a fin de diseñar cohetes que pudieran alcanzar objetivos situados a grandes distancias. En este entorno nacieron los cohetes *Aggregat*. Solo una parte de los mismos llegó a finalizarse.

Motor de reacción de un V-2
Centro. Propulsor para combustible líquido: una mezcla de alcohol etílico, extracto de patata y peróxido de hidrógeno, producida por la industria química.

V-2 en Estados Unidos
Izquierda. Lanzamiento de un misil V-2 en julio de 1950 para el estudio de la atmósfera.

Éxitos en Peenemünde
Derecha. El general Erich Fellgiebel felicita al coronel Leo Zanssen. Detrás de él, Walter Dornberger y Wernher von Braun.

DEL MODELO A-1 AL MODELO A-12

Los modelos *Aggregat* venían marcados con la letra **A** seguida de un número, del **1** al **12**.

A-1 (1933), el primer misil de la serie diseñado en 1933 por Wernher von Braun bajo dirección de Walter Dornberger.

A-2 (1934), el modelo que llevaría a la creación del *Aggregat 4*, o misil V2.

A-3 (1935-1937), el primer cohete de gran tamaño realizado por el equipo encabezado por Braun: 6,74 m de largo, un diámetro de 0,67 m y un peso en el momento del lanzamiento de 740 kg.

A-5 (1938-1942), replanteamiento del A3, que resultó un completo fracaso en los cuatro lanzamientos de prueba.

A-4 (1942-1945), el primer cohete de propulsor líquido que entró en servicio operativo. Más conocido por el nombre propagandístico de V2, se construyeron unas 6.000 unidades. Fue la base de los programas de misiles estadounidense, soviético y francés.

A-4 SLBM, un contenedor estanco que podía llevar un cohete A-4 para ser lanzado desde un *U-Boot*.

A-4b/A-9, una versión de largo alcance del modelo A-4.

A-6, un misil pilotado para su uso en fotografía de reconocimiento, capaz de alcanzar 95 km de altitud.

A-7, versión a escala reducida del A-9 para demostración.

A-8, una versión más larga del V2, que emplearía propulsores almacenables.

A9, una versión con piloto humano y equipada con alas del V2, cuyo desarrollo fue prohibido por los altos mandos.

A9/A10, un misil balístico intercontinental de dos fases, con un alcance estimado del orden de los 5.000 km.

A9/A10/A11, un misil de tres fases, capaz de lanzar un satélite artificial de 500 kg y que podía ser usado como misil balístico.

A9/A10/A11/A12, un dispositivo espacial de cuatro fases, capaz de transportar hasta una órbita terrestre baja una carga de 10 t. La primera fase estaba constituida por el A-12, las otras tres por A9/A10/A11.

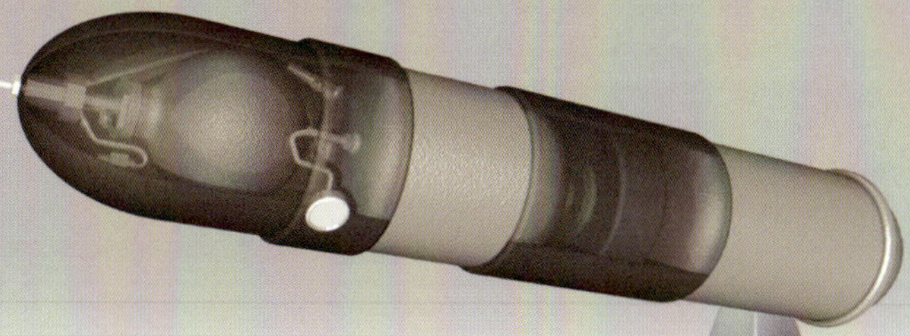

Derecha. Aggregat 2, *el primero de la serie en 1934.*
Abajo. Cuadro comparativo de las dimensiones de los distintos modelos de cohetes proyectados en Estados Unidos por el equipo liderado por Wernher von Braun.

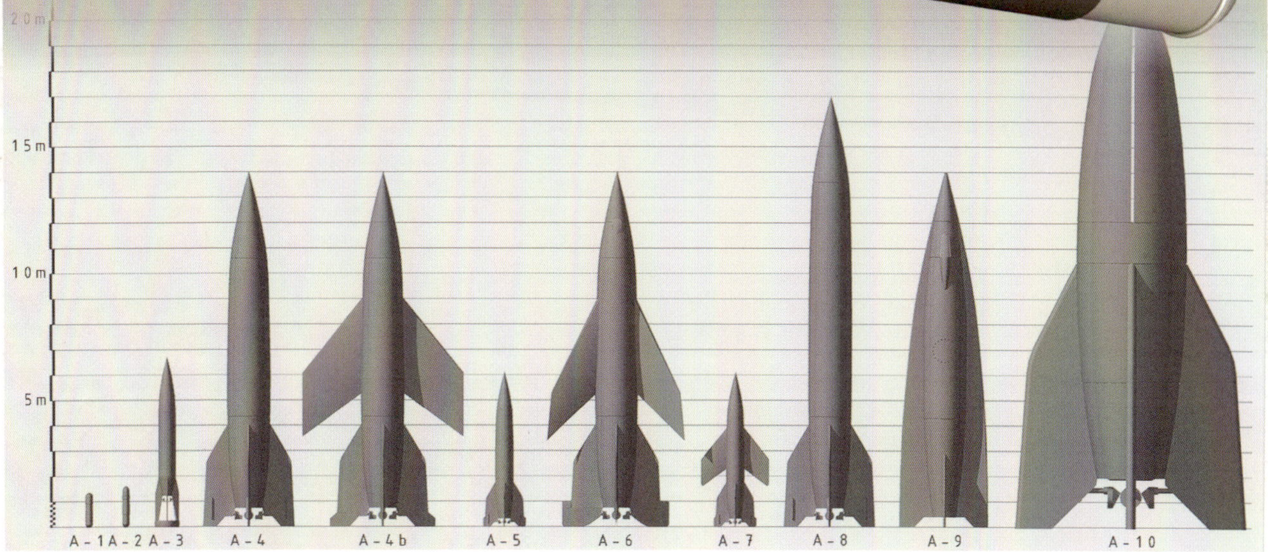

EL PROGRAMA NUCLEAR ALEMÁN

Antes del estallido de la guerra se había constituido en Alemania un grupo de científicos con el fin de construir armas que aprovecharan la energía nuclear. Tras dos años de trabajo (de 1939 a 1941), el equipo dirigido por el físico Werner Karl Heisenberg llegó a la conclusión de que no podía fabricar una «bomba atómica» y se dedicó en exclusiva a la realización de un reactor nuclear para la producción de energía. En 1942 las autoridades militares volvieron a tomar en consideración la posibilidad del uso de la energía nuclear con fines bélicos. Formaron un nuevo grupo de científicos que retomó el trabajo de Heisenberg. Bajo la dirección del profesor Kurt Diebner, al que luego se sumó Paul Harteck, estos investigadores pusieron manos a la obra. Sin embargo, no obtuvieron resultados concretos, hasta el punto de que el responsable de armamento del Tercer Reich, Albert Speer, tuvo que interrumpir el proyecto. No obstante, según algunos estudiosos, entre ellos el historiador berlinés Rainer Karlsch, la Alemania nazi desarrolló una «bomba sucia», un híbrido nuclear-radiológico producto de los estudios sobre la fusión, y no un arma nuclear como la

Reactor nuclear
Arriba. Soldados americanos e ingleses desmantelan el reactor nuclear experimental alemán de Haigerloch, en abril de 1945.

Abajo. Modelo del reactor de Haigerloch. Al parecer, la intención de los científicos alemanes era destinar este invento a la producción de energía.

WERNER KARL HEISENBERG Y NIELS BOHR
Padres de la física atómica y grandes amigos, sus destinos se separaron durante la guerra. Heisenberg colaboró en el programa nuclear alemán y Bohr se unió al Proyecto Manhattan.

que estalló en Hiroshima. En su ensayo de 2005 *La bomba de Hitler*, este historiador afirma que otro equipo científico encabezado por el físico Kurt Diebner, financiado y dirigido por el ejército bajo el mando del general Eric Schumann de 1944 a 1945, habría conseguido un dispositivo y efectuado un par de pruebas: una en la isla de Rügen en el Báltico y otra en la base militar de Ohrdruf en Turingia, que causó la muerte de centenares de prisioneros de guerra víctimas de la radiación. El profesor Diebner fue llevado a Estados Unidos al final de la guerra en el marco de la operación *Paperclip*.

UN TESTIGO: LUIGI ROMERSA

Luigi Romersa (1917-2007), periodista durante el periodo bélico, fue corresponsal de guerra para varios periódicos italianos, entre ellos *Il Corriere della Sera* e *Il Messaggero*. Realizó algunas tareas por encargo de Benito Mussolini, que le pidió que averiguase el alcance real de las armas secretas en las que Adolf Hitler tenía tanta confianza como para llegar a afirmar que harían posible un vuelco completo de la suerte de la guerra. Romersa visitó la base de Peenemünde, donde conoció a Wernher von Braun, con el que entabló una relación de amistad que duró incluso después de la guerra. A continuación, el periodista visitó la fábrica en la que se construía el famoso Messerschmitt Me 262 y al equipo del físico Kurt Diebner, que le hizo asistir a la prueba de un dispositivo nuclear rudimentario efectuada en la localidad alemana de Rügen en 1944. A su regreso a Italia, el periodista entregó personalmente a Benito Mussolini un pormenorizado informe de 40 páginas, en el que informaba al *Duce* de que, pese a lo que había tenido oportunidad de observar, los alemanes iban retrasados respecto a sus enemigos y no tendrían tiempo de utilizar aquellas armas. En los últimos años los testimonios de Romersa se están viendo confirmados a medida que son desclasificados los documentos en poder de los servicios secretos de los Aliados.

Al mismo tiempo que se ocupaban de cañones, fusiles de asalto, armas anticarro y antiaéreas, los alemanes dedicaron mucho trabajo a dispositivos de detección, como el radar en tierra y a bordo de aviones, y visores nocturnos para tanques y armamento individual.

ARTILLERÍA Y RADAR

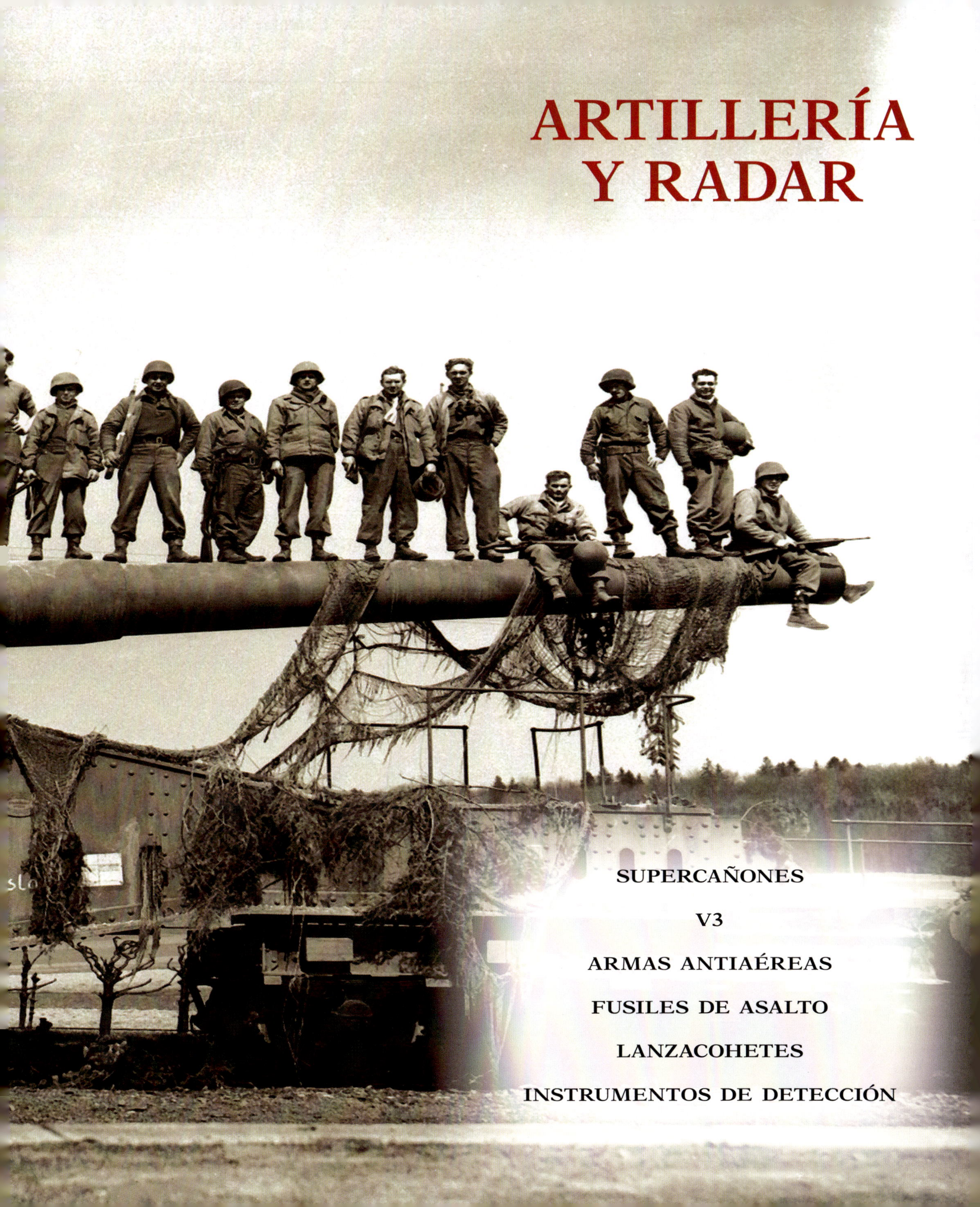

SUPERCAÑONES

V3

ARMAS ANTIAÉREAS

FUSILES DE ASALTO

LANZACOHETES

INSTRUMENTOS DE DETECCIÓN

SUPERCAÑONES

Ya durante el periodo de la República de Weimar los técnicos alemanes habían empezado a proyectar un arma que superase al famoso *Parisgeschütz*, el supercañón con el que habían bombardeado París durante la Primera Guerra Mundial. Pero fue con la llegada de Hitler al poder cuando las investigaciones experimentaron una brusca aceleración, que llevó a resultados prácticos. El primer problema que tuvieron que afrontar fue el relativo al desgaste de la boca del cañón: este se deterioraba rápidamente y solo era capaz de aguantar el paso de cincuenta proyectiles, tras lo cual se volvía totalmente inservible y acarreaba gastos excesivos e insostenibles. En la planta de la compañía siderúrgica Krupp, constructora de los prototipos, se optó por rayar los cañones para permitir una mejor rotación del proyectil, aligerando la corona en cobre, una de las principales causas del desgaste del alma del cañón. Así surgió el K12, cuyos dos ejemplares fueron asignados a la *Eisenbahn-Artillerie-Batterie 701* (701ª batería de artillería ferroviaria), instalada en la costa del canal de la

800 MM KANONE
Hitler y Alfred Speer inspeccionan el supercañón Gustav Schwerer *a finales de 1941, antes de mandarlo al frente de Crimea.*

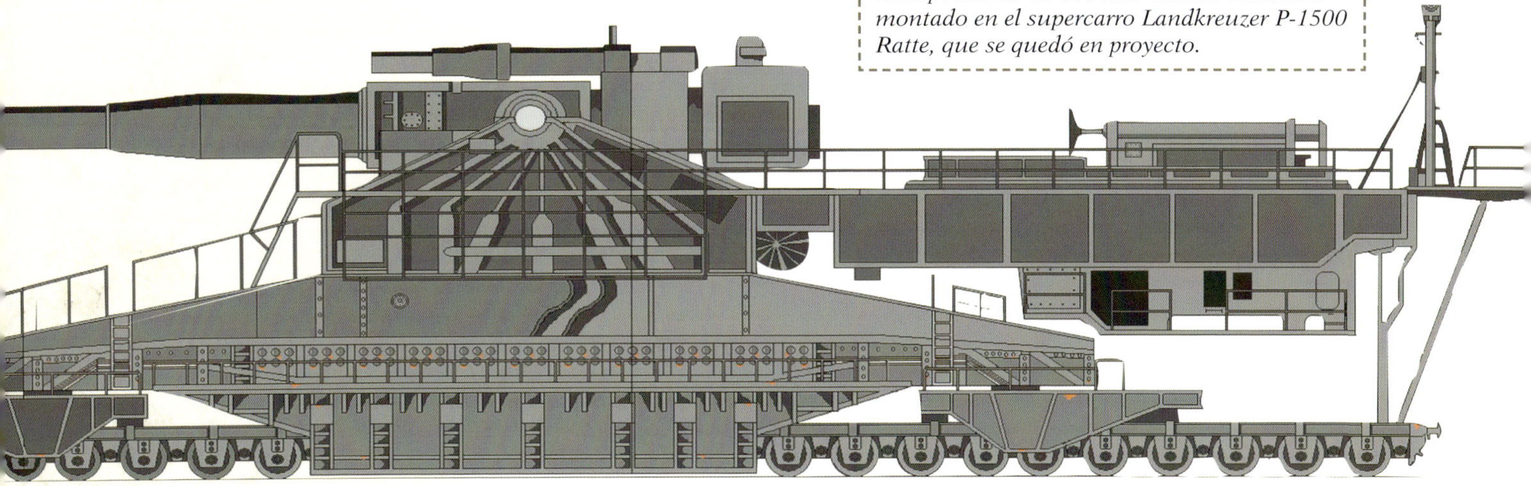

SUPERCAÑÓN Y SUPERCARRO DE COMBATE
El supercañón de 800 mm Gustav Schwerer *montado en el supercarro Landkreuzer P-1500 Ratte, que se quedó en proyecto.*

Mancha. Durante toda la guerra, la *Batterie* 701 realizó 83 disparos.

80 CM *KANONE*

La empresa Krupp también se ocupó en esos años de la construcción de otro supercañón, el 80 cm *Kanone Eisenbahnlafette*. Iba montado sobre dos plataformas ferroviarias y está considerado como el arma más potente jamás transportada sobre raíles. Medía en conjunto más de 47 metros de largo (32,46 m solo el cañón), pesaba 1.344 toneladas y tenía un alcance de 37 kilómetros. Aunque diseñado para bombardear la línea Maginot, fue utilizado en el frente oriental, tras modificar el tendido ferroviario para permitir su paso.

En junio de 1942 lanzó sus primeros obuses (de 4,5 t) durante la batalla de Sebastopol y contribuyó

80 CM *KANONE EISENBAHNLAFETTE*

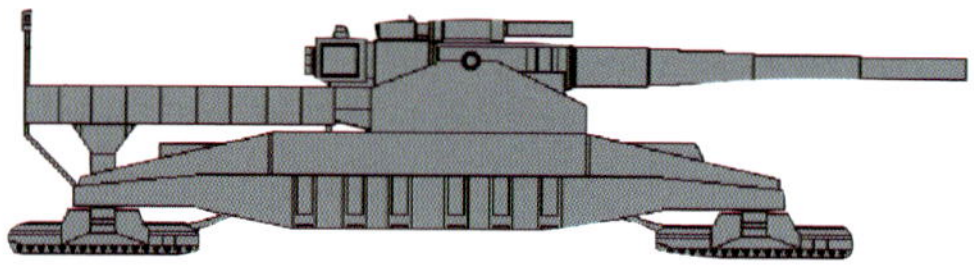

Longitud	47,3 m
Longitud de cañón	32,46 m
Calibre	800 mm
Cadencia de tiro	1 cada 19-45 min
Velocidad de salida	720-829 m/s
Alcance efectivo	37 km
Alcance máximo	47 km
Fabricante	Industrias Krupp
Unidades producidas	2

a la destrucción de las baterías rusas en la costa de Crimea. A continuación, fue transportado al norte, hasta la estación de Taizy a 30 km de Leningrado, para ser empleado durante el asedio de la importante ciudad soviética. Un cañón gemelo sería desplegado en Stalingrado, pero fue retirado cuando las cosas empeoraron y la situación se volvió comprometida.

El *Langer Gustav*

La Krupp estaba trabajando en un tercer supercañón, el *Langer Gustav*, que, según los diseñadores, sería capaz de disparar

21 cm *Kanone*
Cañón ferroviario de 21 cm fabricado por la firma Krupp. Fue proyectado en 1939 y se utilizaron solamente dos piezas en las costas del canal de la Mancha.

80 cm *Kanone in Eisenbahnlafette*
Este cañón ha sido considerado como el arma más potente que jamás haya transportado un tren. Sus piezas, sin montar, llenaban 25 vagones.

SUPERPROYECTILES DEL 80 CM *KANONE*

El potente 80 cm *Kanone* disponía de dos tipos de proyectiles, uno perforante y otro explosivo. El primero pesaba 7.100 kg, medía 3,75 m, tenía una velocidad de más de 1.100 km por segundo y podía alcanzar 38 km de distancia. Este proyectil, cargado con 200 kg de explosivo, era capaz de perforar un metro de acero y 7,1 m de cemento; penetraba hasta 30 m en tierra suelta. El segundo, de paredes más delgadas, pesaba 4.800 kg, tenía una velocidad de 1.300 km por segundo y, con una carga explosiva de 700 kg, alcanzaba 47 km. Las cargas explosivas estaban repartidas en tres secciones: dos cartuchos delanteros y uno principal. Primero se cargaban los anteriores, que iban delante del proyectil. Ambos iban en sacos de tela. La carga principal del proyectil se situaba en un solo conducto. El contenido de la carga principal, el *Gudol Rohrenpulver* (carga explosiva tubular), era el mismo propulsor de las dos anteriores y se dividía de la siguiente manera: en los proyectiles explosivos, 1.050 kg iban en el cartucho principal, 535 kg y 655 kg respectivamente en los cartuchos 1 y 2; en los proyectiles perforantes 1.050 kg en el cartucho principal, 465 kg en el 1 y 585 kg en el 2. Cada receptáculo incluía marcas que hacían referencia a su destino. Como espoleta se usaba la C12nA de percusión.

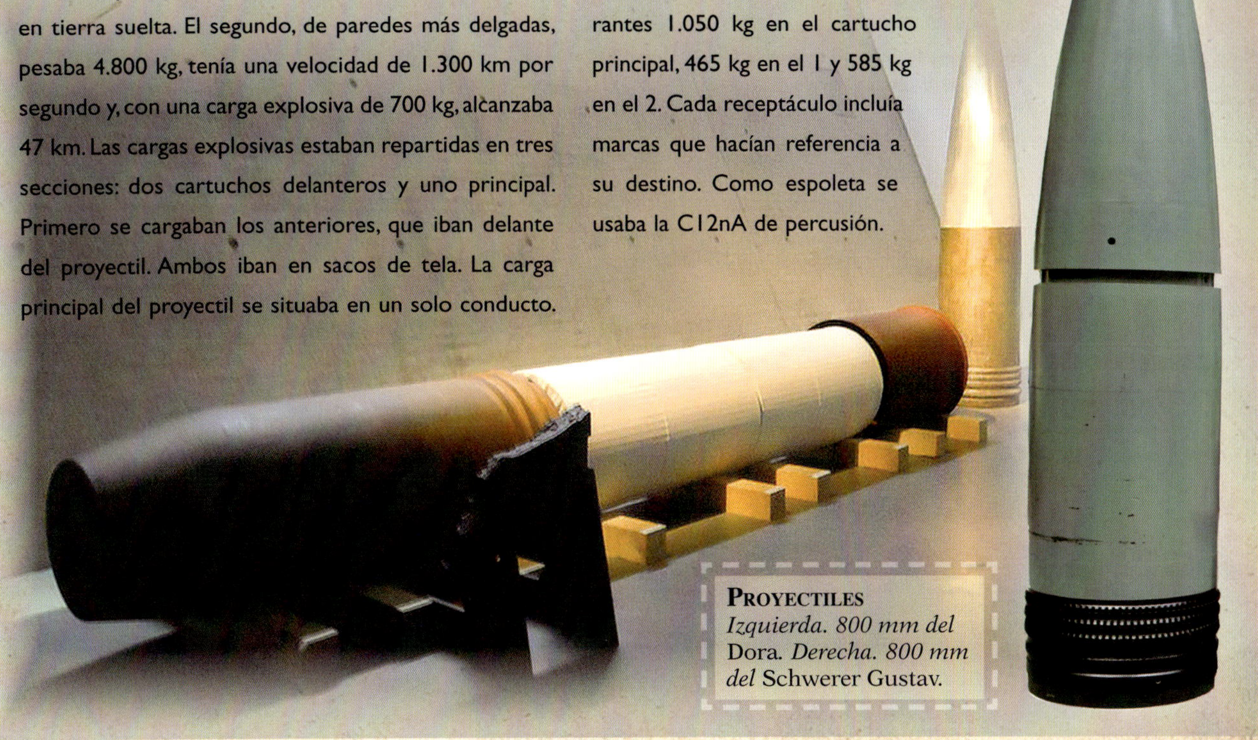

PROYECTILES
Izquierda. 800 mm del Dora. *Derecha. 800 mm del* Schwerer Gustav.

proyectiles de 680 kg a una distancia de 190 km y, en consecuencia, de atacar Londres desde las costas francesas del canal de la Mancha. El proyecto quedó reducido a nada, literalmente: los bombarderos de la RAF atacaron las instalaciones de Krupp en Essen y destruyeron esta iniciativa antes de nacer.

800 MM *KANONE DORA*
Modelo del cañón Dora, *gemelo del* Gustav Schwerer *desplegado a 15 km de Stalingrado en 1942 y luego retirado.*

V3 (HOCHDRUCKPUMPE)

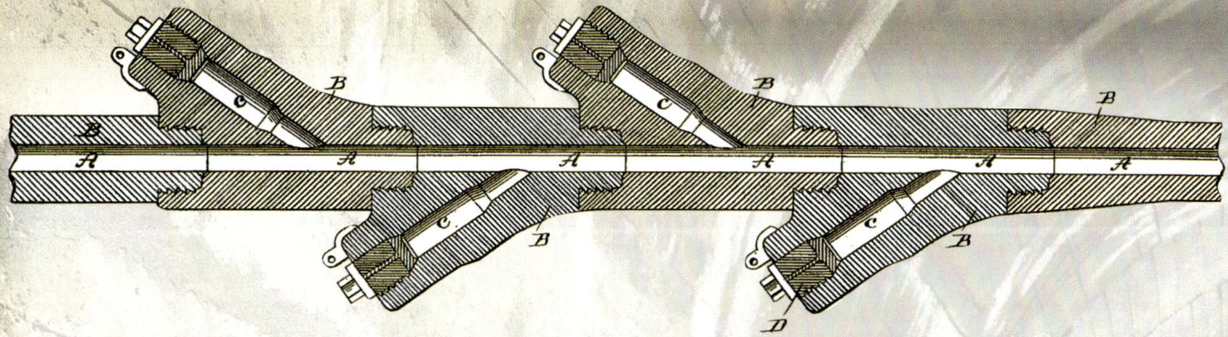

El V-3 (*Vergeltungswaffe 3*) proyectado por los alemanes durante la Segunda Guerra Mundial era un supercañón que funcionaba según el principio multicarga. El arma había sido diseñada para bombardear Londres a una distancia de 165 km desde dos grandes búnkeres situados en el norte de Francia. Conocido también como *Hochdruckpumpe* («bomba de alta presión» o *HDP*), utilizaba cargas propulsoras colocadas a lo largo del cañón, que se activaban al paso del proyectil para aportar un mayor impulso. Estaban dispuestas en pares simétricos, anguladas para proyectar su empuje contra la base del proyectil, aumentando de este modo el alcance. El arma también podía disparar obuses de 140 kg a 165 km de distancia.

Cañón V3
Esquema técnico de una versión reducida de 50 m, fechado el 26 de noviembre de 1944 por el HWA (Heereswaffenamt). *Fue el único modelo usado durante la guerra.*

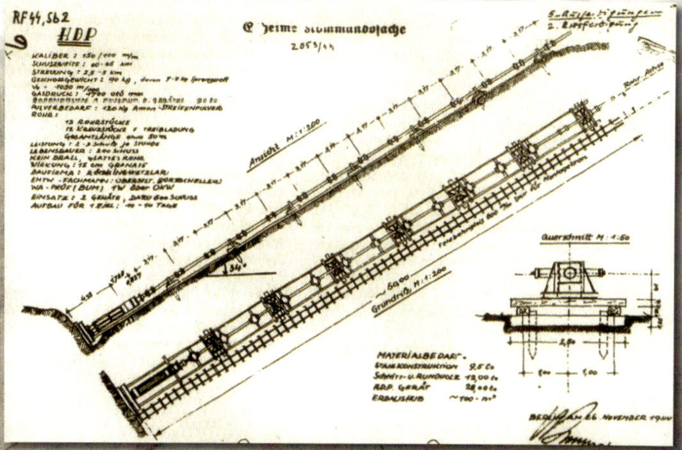

LA FORTALEZA DE MIMOYECQUES EN FRANCIA

La fortaleza de Mimoyecques es el nombre de un complejo militar subterráneo próximo a Landrethun-le-Nord, en la región de Pas-de-Calais, en el norte de Francia. Fue construida entre septiembre de 1943 y julio de 1944 para alojar una batería de cañones V-3 orientados hacia Londres, que se encontraba a solo 165 kilómetros de distancia. Un estudio efectuado a inicios de 1943 había demostrado que el lugar perfecto para instalar el supercañón V-3 y obtener las máximas prestaciones debía estar en el interior de una colina con núcleo de roca, en la que las pendientes inclinadas podían ser canalizadas para sustentar el cañón. El mayor Bock del *Festungs-Pionier-Stab* 27, organismo responsable de las fortificaciones marítimas con sede cerca de Dieppe, localizó ese sitio ideal en una colina caliza junto al pueblo de Mimoyecques. La colina tenía un fino estrato de tierra, mientras que en el interior el estrato calcáreo se extendía centenares de metros. Además, era muy fácil excavar en ella. La superficie estaba protegida por una capa de cemento de 30 m y un espesor de 5,5 m, con estrechas aberturas que permitían el paso de los proyectiles. Las tareas de construcción corrieron a cargo de más de 5.000 obreros e ingenieros, en su mayoría alemanes, además de 430 mineros procedentes de la cuenca del Rhur y muchos prisioneros de guerra soviéticos. Los servicios secretos de los Aliados fueron informados del proyecto y hubo repetidos bombardeos aéreos contra la fortaleza, que provocaron pocos daños en la estructura.

Prototipo de V3
Instalación para un prototipo del cañón V3 en la isla polaca de Wolin, cerca de Miedzyzdroje, en la frontera con Alemania.

ARMAS ANTIAÉREAS

Desde que se empezó a usar el avión para atacar las fábricas o aterrorizar a la población civil, todas las naciones habían dispuesto defensas aéreas que incluían fortificaciones, pero sobre todo armas capaces de contrarrestar esos terribles ataques.

Para hacer frente al peligro, el mando alemán hizo proyectar y construir las *Flaktürme* («torres antiaéreas»), ocho gigantescos complejos de avistamiento y defensa antiaérea situados en las ciudades más importantes estratégicamente: Berlín (tres torres), Hamburgo (dos torres) y Viena (tres torres); en Bremen las defensas no llegaron a completarse. Estas obras fueron realizadas a partir de 1940. En las torres, que se usaban también como refugio, se montaron diversos tipos de cañones, pero el más eficaz fue el 12,8 cm FlaK 40, capaz de disparar proyectiles de 26 kg con una cadencia de tiro de 11-12 disparos por minuto. En la segunda mitad de 1942 se procedió a la instalación del complejo FlaK 44 Zwilling (conjunto pareado contra ataques aéreos), formado por dos cañones de 12,8 cm acoplados, uno de los cuales contaba con

Flaktürme, torres de defensa
Izquierda. Una de las tres L-Turm *construidas en Viena para la defensa antiaérea.*

Mauser MG 213 V7
Arriba y derecha. Cañón automático de tipo revólver, calibre 20 mm, rotatorio, que nunca entró en servicio. El modelo MK 213 tenía un calibre de 30 mm y sirvió de base para cañones ingleses y franceses en la posguerra.

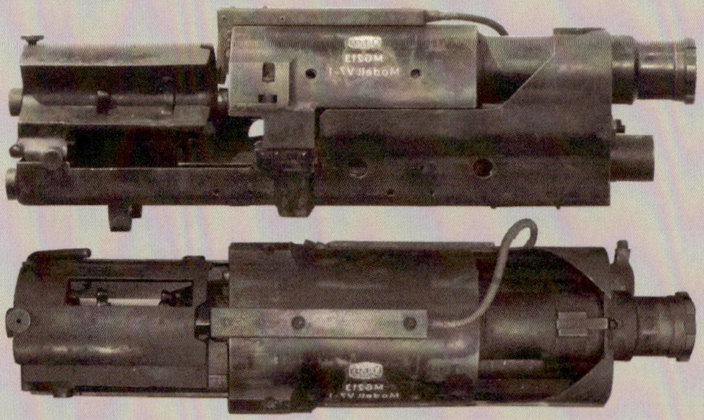

LA *NACHTJAGD*

La «caza nocturna» se convirtió en una necesidad para la Luftwaffe cuando la aviación aliada empezó a bombardear las ciudades alemanas. En los primeros años de guerra se usaron los mismos cazas que se utilizaban de día, porque la aviación alemana, pensando en una contienda corta, no había previsto aparatos especiales para el vuelo nocturno. Solo hacia el final del conflicto, cuando ya era demasiado tarde, se empleó el caza nocturno Heinkel He 219. Considerado una máquina excepcional por sus cualidades bélicas y sus grandes prestaciones, fue el primer avión en adoptar los asientos eyectables. En los últimos meses del conflicto, se usó el Messerschmitt Me 262, un bimotor de reacción considerado el avión más avanzado utilizado por los alemanes, precursor también del jet o reactor de combate.

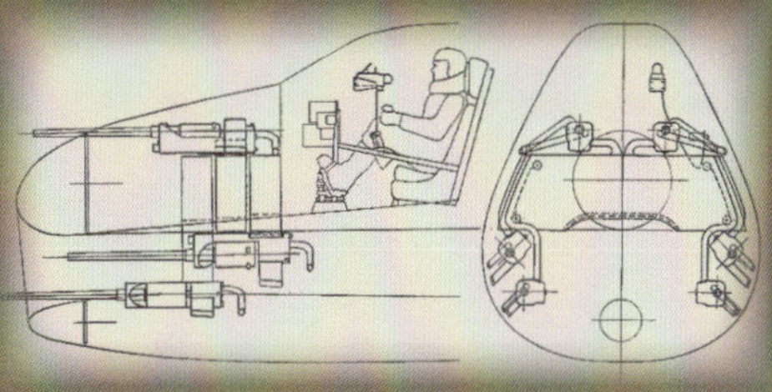

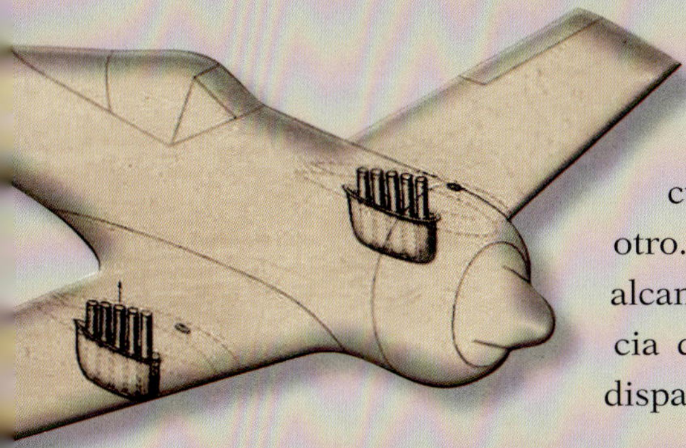

un dispositivo de descarga especular respecto al otro. De este modo se alcanzaba una cadencia de tiro de 22-24 disparos por minuto.

Las armas ligeras sobre torretas de elevación eran en su mayor parte Flakvierling 38, pequeños cañones que llegaban a desarrollar una cadencia de tiro de 800-900 disparos por minuto, con efectos devastadores sobre casi cualquier vehículo que intentase un ataque a baja altura contra las torres.

Messerschmitt Me 163 *Komet*
El avión que debería haber contado con el Sondergerät SG 500 Jagdfaust, *un arma antibombardero sin retroceso. Al lado, proyectiles y tubos lanzadores de SG 500.*

FUSILES DE ASALTO

Con la aparición de los primeros carros de combate al final de la Primera Guerra Mundial se planteó el problema de cómo hacer frente a esos terribles vehículos de asalto por parte de la infantería ligera.

Poco antes del inicio de la Segunda Guerra Mundial, los alemanes encontraron la solución con la invención del fusil anticarro, un arma relativamente ligera (11 kg de peso) y capaz de disparar proyectiles que podían perforar el blindaje de los tanques a una distancia de 200 metros.

El *Panzerbüchse* 38 y luego el modelo 39 fueron utilizados en los primeros años del conflicto, durante la invasión de Polonia y en el frente occidental, pero resultaron impotentes en la campaña de Rusia frente a los carros de combate soviéticos equipados con un blindaje más resistente.

Los técnicos alemanes se vieron obligados a modificar el *Panzerbüchse* acortando el cañón y añadiendo un sistema lanzagranadas.

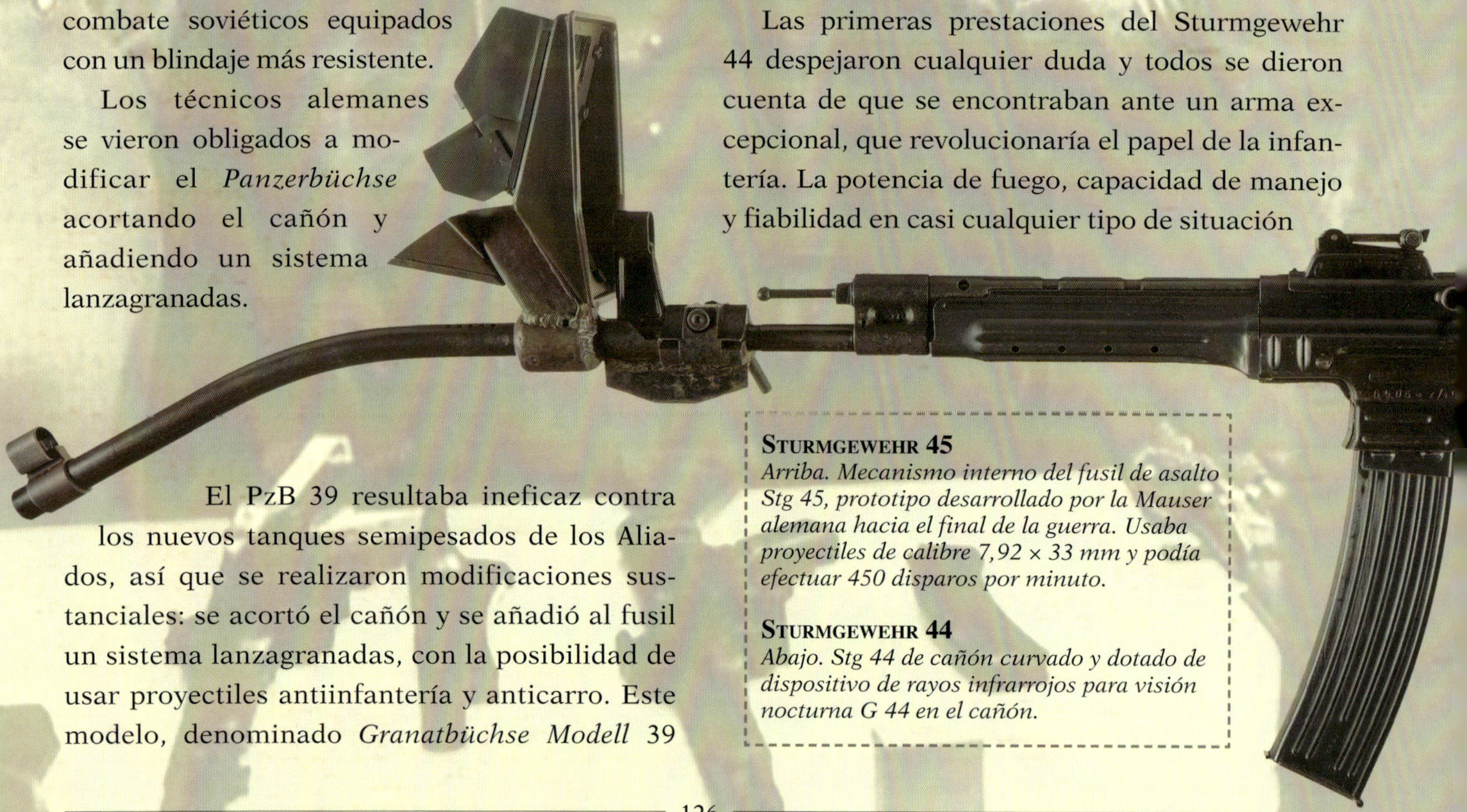

El PzB 39 resultaba ineficaz contra los nuevos tanques semipesados de los Aliados, así que se realizaron modificaciones sustanciales: se acortó el cañón y se añadió al fusil un sistema lanzagranadas, con la posibilidad de usar proyectiles antiinfantería y anticarro. Este modelo, denominado *Granatbüchse Modell* 39 (GrB 39), formó parte de la dotación hasta el fin del conflicto.

Las primeras prestaciones del Sturmgewehr 44 despejaron cualquier duda y todos se dieron cuenta de que se encontraban ante un arma excepcional, que revolucionaría el papel de la infantería. La potencia de fuego, capacidad de manejo y fiabilidad en casi cualquier tipo de situación

STURMGEWEHR 45
Arriba. Mecanismo interno del fusil de asalto Stg 45, prototipo desarrollado por la Mauser alemana hacia el final de la guerra. Usaba proyectiles de calibre 7,92 × 33 mm y podía efectuar 450 disparos por minuto.

STURMGEWEHR 44
Abajo. Stg 44 de cañón curvado y dotado de dispositivo de rayos infrarrojos para visión nocturna G 44 en el cañón.

STURMGEWEHR 44

Durante la Segunda Guerra Mundial los alemanes crearon el Sturmgewehr 44 (abreviado a StG 44) con intención de revolucionar la infantería entera. Se trataba de un arma verdaderamente revolucionaria, porque era capaz de efectuar 500 disparos por minuto y tenía un cargador extraíble de 30 proyectiles. Se empleó por vez primera en el frente oriental en 1942, cuando se suministraron StG 44 lanzados en paracaídas a un grupo de soldados cercados por los soviéticos. No obstante, el alto coste de fabricación y la imposibilidad de emplear cartuchos ya existentes llevaron a los mandos alemanes a suspender la producción. Solo en los últimos meses de la guerra el *Führer* recuperó la confianza en el arma y canceló la suspensión, pero ya era demasiado tarde para equipar a las tropas de infantería con esta arma revolucionaria. Solo algunas unidades de las Waffen SS pudieron usarla durante los últimos meses del conflicto y confirmar sus ventajas. Algunos de estos fusiles contaban con el dispositivo de infrarrojos Vampir para visión nocturna. Los soviéticos, contra los que esta arma fue utilizada por primera vez, después de verificar su eficacia, fabricaron un fusil de asalto similar, el famoso AK-47 *Kaláshnikov*, que en poco tiempo se convirtió en el arma más usada por los ejércitos modernos.

hacían del Sturmgewehr 44 un arma de asalto perfecta, hasta el punto de que el modelo fue adoptado por otros fabricantes de armas. Usaba munición intermedia (7,92 × 33 mm) porque, dado que funcionaba con disparos individuales o con ráfagas, era fundamental mantener el control durante el tiro automático, cosa poco práctica si se empleaban los cartuchos para arma larga de 7,92 × 57 mm.

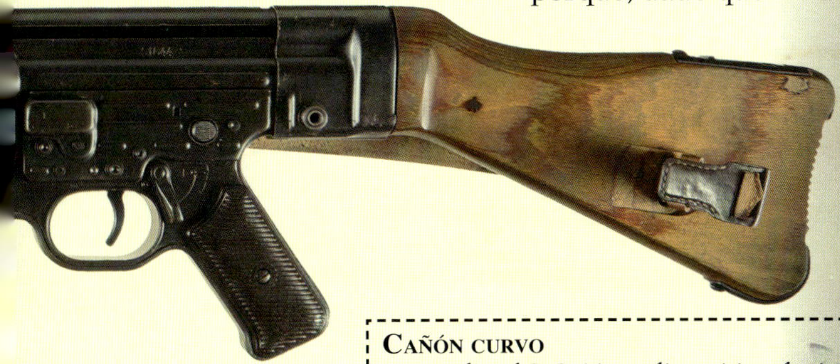

CAÑÓN CURVO
Se añadió al StG 44 *un dispositivo de tiro de forma curvada, que permitía disparar detrás de las esquinas. La curvatura estándar era de 30°, con orificios justo antes de la curva.*

LANZACOHETES

Aunque el Tratado de Versalles impedía a Alemania desarrollar un sistema de artillería pesada, no hacía la menor alusión a los cohetes, pese a que ya existían en la Primera Guerra Mundial. En 1931, los alemanes empezaron a estudiar un sistema lanzacohetes con el que equipar a los soldados de la Wehrmacht. El primer ejemplar fue el Nebelwerfer, cuyo nombre significa «lanzador de niebla», un intento de desviar las sospechas del enemigo sobre el destino real del arma. El uso principal era como pieza que disparaba munición química, aunque podía funcionar con alto explosivo en algunos casos (como en el 21 cm NbW 42). Durante la guerra los alemanes mejoraron esta idea, pero

LOS FUSILES ANTICARRO *PANZERBÜCHSE* PZB 39

El Panzerbüchse era un fusil antitanque alemán producido a partir de 1942 por la empresa Gustloff Werke. Existen varias versiones: el *Panzerbüchse* 38 (PzB 38), el *Panzerbüchse* 39 (PzB 39) y el *2,8 cm schwere Panzerbüchse* 41 (sPzB 41), que aunque clasificado como fusil anticarro pesado, era en realidad un cañón anticarro ligero. El PzB 39 alemán evolucionó a partir de un fusil de 1930, en un intento de ofrecer a la infantería un arma anticarro portátil alternativa al Gewehr TUF. En 1938 el ingeniero de la Gustloff Werke, B. Brauer, creó el *Panzerbüchse* 38 (PzB 38), un arma de un solo disparo, con el centro de gravedad situado muy atrás a causa del larguísimo cañón, que podía imprimir al proyectil una velocidad capaz de perforar el blindaje de los carros de combate. De este modelo solo se fabricaron 1.408 unidades, usadas durante la invasión de Polonia en 1939. Los frecuentes encasquillamientos durante las operaciones bélicas hicieron que se interrumpiese la producción. En poco tiempo se pasó al modelo PzB 39, equipado con un mejor sistema de carga con cerrojo levadizo de 10 disparos, lo que aumentaba la autonomía de fuego. El PzB 39 fue utilizado desde 1942 a 1944, principalmente en el frente oriental.

llegó demasiado tarde. En los primeros meses de 1945 apareció en los campos de batalla el mortífero Luftfaust, que disponía de ocho tubos de acero montados en torno a otro tubo central. Pesaba 6,5 kg y medía 150 cm de largo; su alcance máximo rondaba 1.800 m y resultaba particularmente eficaz dentro de los 500 m.

En el momento de la rendición ya se habían fabricado 10.000 unidades, pero muy pocas de ellas llegaron a ser entregadas a las tropas. Durante las últimas semanas de la guerra fue puesto a punto un nuevo lanzacohetes, evolución natural del Luftfaust, el Fliegerfaust, que contaba con seis cañones de 30 mm y disparaba balas de cañón MK 108 estándar de 30 mm. El arma habría desarrollado una potencia de fuego claramente superior a la del modelo Luftfaust, pero nunca entró en servicio ni fue utilizada.

LUFTFAUST FLIEGERFAUST

Longitud	1.500 mm
Calibre	20 mm
Peso	6,5 kg
Velocidad de salida	350 m/s
Tiro útil	500 m alcance máximo 1.800 m
Tipo de munición	Cohete no guiado, granada convencional
Alimentación	Cargador de clip de 9 disparos
Tipo de mira	metálica
Variantes	Luftfaust-A, Luftfaust-B Fliegerfaust

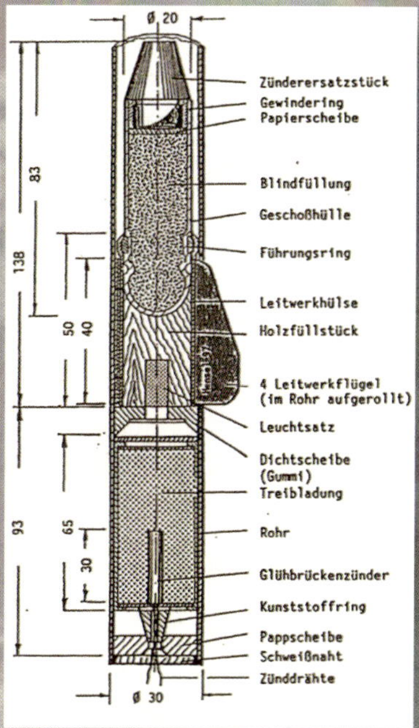

Arma portátil
Izquierda y arriba. Luftfaust-B y su utilización, con apoyo en el hombro y empuñadura.

Proyectiles
Derecha. Esquema de proyectil para Luftfaust.

INSTRUMENTOS DE DETECCIÓN

En 1936 se ordenó a la industria alemana acometer el desarrollo de dispositivos para la visión nocturna. En 1939 se fabricó el primer modelo destinado a un cañón anticarro. A mediados de 1943 comenzaron las pruebas para el montaje de los dispositivos de rayos infrarrojos en los *Panzer*. A partir de ese momento, más de 300 tanques fueron equipados con el proyector de infrarrojos FG 1250, llamado *Sperber* (gavilán), y con un convertidor de imágenes BIWA manejado por el comandante del carro, que permitía la observación hasta 600 m. Los *Panzer* dotados de infrarrojos se usaron sobre todo en el frente oriental, pero también durante la contraofensiva de las Ardenas entre diciembre de 1944 y enero de 1945. Pocos días antes del fin de las hostilidades, tanques alemanes con visor nocturno contrarrestaron el avance de los norteamericanos en la línea Weser-Elba.

FG 1250
Visor nocturno de rayos infrarrojos desarrollado por la compañía Carl Zeiss AG, para ser instalado en carros de combate.

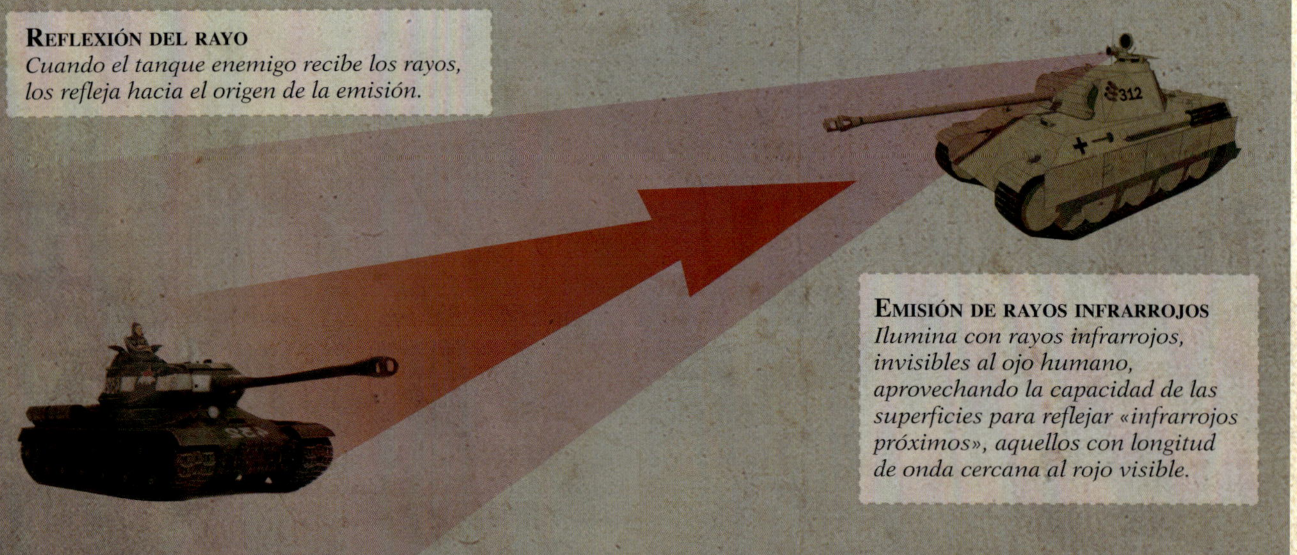

Zielgerät 1229

Visores nocturnos
Arriba. Caza nocturno de la Luftwaffe con un spanner, *dispositivo de infrarrojos de la casa Zeiss.*

Detección
Centro. Observación de imágenes durante la noche con un dispositivo de rayos infrarrojos de tecnología Vampir.

También se diseñaron y fabricaron visores nocturnos para ser montados en armas individuales como el fusil de asalto Sturmgewehr 44, que utilizaba el ZG 1229 *Vampir*. Esta exitosa combinación fue usada en combate en febrero de 1945, cuando se asignaron 310 *Vampir* a la Wehrmacht. Hay muchos testimonios escritos que confirman que, desde los primeros meses de 1944, en el frente oriental los francotiradores alemanes disparaban de noche con fusiles que llevaban instalados grandes prismáticos. Se montaron dispositivos similares en ametralladoras MG34, MG42 y en los *Nachtjäger*, los cazas especializados en operaciones nocturnas.

Los radares alemanes

Ya en 1904 el ingeniero alemán Christian Hülsmeyer había construido un dispositivo que detectaba a distancia la presencia de embarcaciones. En las siguientes tres décadas se desarrollaron en Alemania otros sistemas de detección vía radio, pero ninguno de ellos podía ser considerado un verdadero radar. Esta situación cambió antes de la Segunda Guerra Mundial. El dispositivo más utilizado fue el radar *Freya*, empleado también por la Kriegsmarine, del que se fabricaron más de 10 .000 unidades. Tenía un radio de acción de casi 100 km. El radar *Würzburg*, también conocido como

ZIELGERÄT 1229. NOMBRE EN CÓDIGO: *VAMPIR*

Este dispositivo, conocido también por el nombre en código *Vampir*, fue desarrollado por la Wehrmacht para el fusil de asalto Sturmgewehr 44, destinado principalmente al uso nocturno y que funcionaba también por infrarrojos. El ZG 1229 *Vampir* pesaba 2,25 kg e iba montado sobre el fusil mediante unas aletas. El soldado que lo utilizaba era llamado un *Nachtjäger*, o cazador nocturno. La energía que precisaba el visor la suministraba una batería encerrada en una caja de madera, que pesaba cerca de 13,5 kg; una segunda batería dentro de una especie de máscara, parecida a las antigás, servía para alimentar el convertidor de imágenes. El proyector tenía una fuente de luz al tungsteno que, a través de un filtro, dejaba pasar solo algunas frecuencias de infrarrojos. De hecho, percibía solamente la gama superior del espectro de infrarrojos y no las frecuencias de la gama inferior. Debido a estas características, el *Vampir* no era sensible al calor del cuerpo. Se trataba de sistemas de infrarrojos activos, conocidos también como «convertidores de infrarrojos», que por medio de un tubo de vacío permitían visualizar la radiación infrarroja sin amplificarla y ofrecían un campo focal y visual muy limitado.

FuMG 65 *Würzburg Riese*
Una versión gigante del radar Würzburg, *Francia. Disponía de una antena con un diámetro de 7,4 m y de un potente transmisor con una capacidad de detección de hasta 70 km. Alcanzaba una precisión azimutal de 0,2° y 0,1° en elevación, suficiente para coordinar y dirigir el disparo de los cañones antiaéreos. Este dispositivo era transportado sobre plataformas ferroviarias especiales, las* Würzburg-Riese-E, *ya que era demasiado grande para vehículos con ruedas.*

FuMg 65, era una instalación de radar que hacía principalmente las veces de telémetro, desarrollado a partir del anterior FuMg 39 *Würzburg* y modificado para ser instalado sobre torres de control de tiro en las inmediaciones de las distintas *Flaktürme*, las estructuras antiaéreas construidas en varias ciudades en Austria y Alemania.

DETECTORES DE MINAS NAVALES

Una de las tareas de las *Seeluftstreitkräfte* (las fuerzas aeronavales de la Luftwaffe) eran las misiones de detección de minas navales. Para ello utilizaban un dispositivo llamado MAUSI (*Minen-Auslöse-Induktor*), un grueso anillo metálico montado en los Junkers Ju 52 MS, Blohm & Voss Ha 139 B/MS y otros aparatos, que indicaba el mínimo salto de tensión cuando pasaban sobre un campo minado.

Detector acústico
Izquierda. Un gran dispositivo capaz de detectar incluso los sonidos más débiles producidos por un motor; estaba compuesto por cuatro piezas acústicas, dos horizontales y dos verticales, unidas por tubos de goma a estetoscopios estéreo usados por los técnicos.

FuMg 65 (nombre en código: *Würzburg*)
Abajo. Primitiva instalación de radar, colocada en las torres de control de tiro en las inmediaciones de las Flaktürme *construidas para proteger las principales ciudades en Austria y Alemania de los ataques de los bombarderos aliados.*

El sistema *Himmelbett*

En el verano de 1941 entró en funcionamiento un sistema de protección contra los ataques aéreos nocturnos. Incluía un radar *Freya*, que localizaba a los bombarderos a distancia (alrededor de 150 km) y pasaba la información a un radar *Wurzburg-Riese*, para el control de los bombarderos enemigos, mientras otro radar dirigía los cazas nocturnos hacia los objetivos. El sistema FuG 227 *Flensburg* avisaba de la presencia del radar inglés *Monica* que llevaban los bombarderos; los cazas alemanes contaban con el dispositivo FuG 202.

No cabe duda de que los técnicos alemanes sorprendieron al mundo con sus descubrimientos e inventos aplicados al armamento. Por eso algunos supuestos expertos, basándose en indicios muy débiles, les atribuyeron el descubrimiento de nuevos instrumentos, más cercanos a la ciencia ficción que a la realidad. Discos voladores, rayos de la muerte y misteriosas bases han sido objeto de discusión durante muchos años, pero nadie ha aportado evidencias que probasen su existencia.

MISTERIOS Y LEYENDAS

DIE GLOCKE

PLATILLOS VOLANTES

FOO FIGHTERS, HIMMELSTÜRMER Y RAYO DE LA MUERTE

LA BASE 211 EN LA ANTÁRTIDA

EL MISTERIO DEL U-234

DIE GLOCKE

En el año 2000, el periodista polaco Igor Witkowski publicó el libro *Prawda O Wunderwaffe*, en el que hablaba de una hipotética arma secreta desarrollada por los nazis durante los últimos años de la Segunda Guerra Mundial. Según el periodista polaco, era un arma de avanzada tecnología, vinculada con la antigravedad o la energía nuclear, desarrollada en el complejo *Der Riese* de la mina San Wenceslao.

El responsable de sacar adelante el proyecto habría sido el misterioso general de las SS Hans Kammler, un técnico científico. Se trataría, esencialmente, de un vehículo secreto, tecnológicamente muy innovador, con un diámetro de 3,10 m y una altura de 4,95 m, compuesto por dos cilindros contrarrotatorios y con un extraño líquido color púrpura en su interior denominado «Xerum 525», que giraría dentro de la campana a mucha velocidad.

A causa de la alta radiactividad, el combustible era introducido dentro de recipientes de plomo de un espesor de más de 3 cm. Pese a tales precauciones, Witkowski sostiene que durante los primeros experimentos murieron más de 60 trabajadores y que por esa razón se suspendió el proyecto. Además, estaba el hecho de que el arma necesitaba una cantidad de energía eléctrica excesiva.

Jakob Sporrenberg
Izquierda. Jefe de las SS y teniente general de la policía en Minsk y Lublin. En 1952 fue condenado a muerte por crímenes de guerra y se llevó a la tumba los secretos de la misteriosa máquina.

LA MISTERIOSA ESTRUCTURA DE LUDWIKOWICE

Entre los diversos lugares que las leyendas nazis señalan como bases para las pruebas de lanzamiento de la *Glocke*, uno está cerca de la mina San Wenceslao en Ludwikowice, hoy en Polonia. Aún se puede ver una extraña estructura de cemento armado, que supuestamente estaba rodeada de cables eléctricos de cobre del grosor de un brazo humano, que llegaban al depósito subterráneo de la campana. Algunos sostienen que las investigaciones llevadas a cabo en el lugar han detectado la presencia de isótopos radioactivos, que solo podrían haber sido originados por grandes haces de neutrones. De acuerdo con estas suposiciones, la construcción de Ludwikowice debía servir como banco de prueba de potentes sistemas de propulsión suministrados por fuentes de energía desconocidas. Los autores de estos textos refutan la versión «oficial», que afirma que la construcción circular no es otra cosa que el apoyo para una torre de refrigeración de una central eléctrica. La tesis no puede ser demostrada, porque los alemanes en retirada destruyeron por completo San Wenceslao antes de que los Aliados llegasen a la zona.

Die Glocke: ESTRUCTURA EXTERNA
Página anterior, arriba. Modelo de la estructura exterior de la misteriosa arma o máquina nazi a tamaño reducido. Las medidas reales eran 3,10 m de diámetro y 4,95 de altura.

Die Glocke: INTERIOR
Derecha. Fotografía de la presunta estructura interna del invento incluida en el libro del periodista polaco Igor Witkowski.

De todos modos, hay que decir que el libro escrito por Witkowski es, hasta hoy, la única fuente en la que se menciona la denominada «campana nazi». No se han hallado rastros suficientes para suponer que los científicos alemanes llevasen adelante experimentos de este tipo.

PLATILLOS VOLANTES

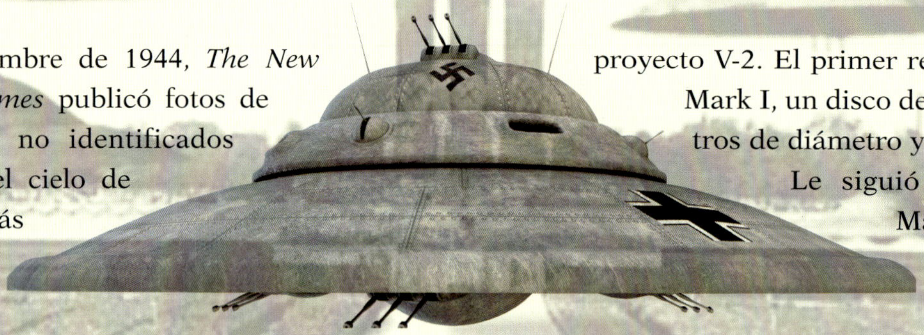

En diciembre de 1944, *The New York Times* publicó fotos de objetos no identificados sobrevolando el cielo de Londres. Además de provocar el pánico en los lectores neoyorquinos, acreditaba la hipótesis, mantenida por algunos, de que los alemanes habían logrado construir discos voladores capaces de atacar prácticamente cualquier objetivo. La propaganda alemana, que consideraba inminente la creación de una nueva arma que acabaría con la guerra, había dado sus frutos.

Haunebu Mark I y Mark IV

En realidad, los alemanes había instalado en las cercanías de Praga una fábrica de la BMW que produjo algunos de los vehículos denominados «platillos volantes». En la planta trabajaban científicos alemanes e italianos que formaban parte del proyecto V-2. El primer resultado fue el Mark I, un disco de unos seis metros de diámetro y dos de altura. Le siguió el Flugelrad Mark II. A continuación, los científicos fueron trasladados a la base de misiles de Peenemünde, donde se construyeron los V-1 y V-2.

El Haunebu Mark IV no poseía palas rotatorias, sino que era un simple disco. Tenía un diámetro de alrededor de 9 metros y una cúpula transparente. A los lados estaban los propulsores. El Haunebu Mark IV usaba motores de reacción.

El increíble V-7

En marzo de 1944 concluyó el primer ensayo del tristemente famoso V-7, un vehículo en forma de disco de despegue vertical. Sobre este vuelo se escribieron las teorías más disparatadas, desde quien juraba haberlo visto pasar a 2.000 km/h

Ovni nazi
Dibujo que recrea un platillo volante entrando en una base nazi por el techo.

ESOTERISMO NAZI

El programa político de Hitler y del nazismo se basaba fundamentalmente en tres factores: nacionalismo, anticomunismo y antisemitismo. Pero, además, hay que tener presente que la ideología nazi, fundamentada en el ocultismo, la astrología, el misticismo esotérico y la alquimia, tenía un proyecto mucho más ambicioso: dominar el mundo durante milenios. Convertida en una verdadera religión de la que Hitler y sus jerarcas eran los sacerdotes, tenía necesidad de ritos. Por eso, en una Alemania desgarrada por la guerra, una parte de la élite nazi estaba en contacto con alquimistas, sectas, predicadores de lo oculto, magos y clarividentes, y al mismo tiempo participaba en ceremonias destinadas a propiciar la victoria final. También la búsqueda de símbolos mitológicos de otras religiones (el Arca de la Alianza, el Santo Grial o la lanza que traspasó a Jesús) se convirtió en algo perentorio para el régimen hitleriano. Tenían la convicción de que encontrarían en ellos fuerzas sobrenaturales, que permitirían al nazismo conquistar el mundo para siempre.

hasta quien declaraba que el desplazamiento, a solo unos metros de suelo, había sido errático. Lo único cierto es que la maquinaria propagandística alemana exaltó el acontecimiento y sembró el pánico entre sus enemigos. ¿Había algo de cierto? Los documentos sobre el proyecto se perdieron o fueron destruidos en el periodo de caos previo al final del conflicto, pero según Peter Pletschacher, historiador de la aviación, se trató solo de una sutil guerra psicológica y las velocidades mencionadas eran técnicamente imposibles en ese tiempo.

Técnicos canadienses, fascinados por el V-7 alemán, intentaron copiar la idea e hicieron una imitación. Lo bautizaron *Avrocar* y en 1961 fue probado durante 75 horas. El disco volador disponía de hélices que comprimían el aire hacia abajo y hacia delante, pero en vez de desarrollar la elevada velocidad prevista por los diseñadores, el *Avrocar*

Viktor Schauberger
Científico austriaco inventor del motor de implosión. Según los defensores de la teoría de los ovnis nazis, estos vehículos habrían utilizado dicho tipo de energía.

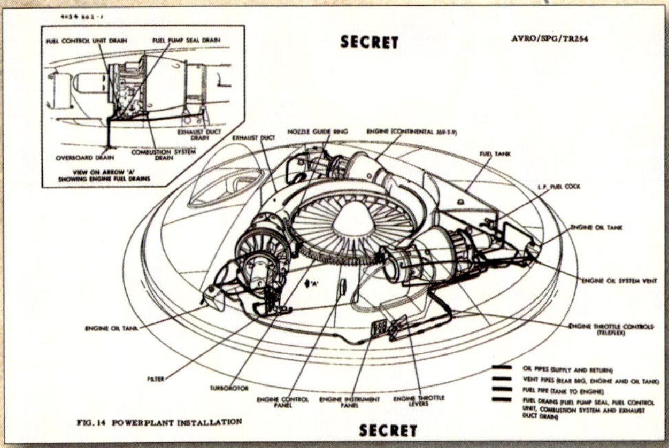

logró una velocidad máxima de 50 km/h, tras lo cual empezaba a tambalearse y se volvía muy inestable. Como probablemente le pasó a su predecesor, este proyecto fracasó.

En la inmediata posguerra se sucedieron una serie de noticias publicadas en diversos países que avalaban, con testimonios e imágenes, la fascinante hipótesis de los platillos volantes nazis. En concreto, el 30 de marzo de 1950, el famoso semanario alemán *Der Spiegel* publicó un artículo en el que Rudolf Schriever, presentado como ingeniero, afirmaba haber diseñado una especie de helicóptero de reacción de forma circular y 14,4 m de diámetro, con tres motores de reacción colocados bajo las palas de una enorme turbina, en cuyo centro estaba la cabina de pilotaje (3,6 metros de diámetro y 3,2 metros de altura), capaz de alzar vuelo verticalmente y con

AVRO CANADA VZ-9-AV
(AVROCAR VIKTOR-SCHAUBERGER)
Arriba. Esquema del VZ-9 extraído del manual secreto de vuelo.
Abajo. Foto obtenida durante una de las pruebas de vuelo del Avrocar *entre 1959 y 1961 (en total 75 pruebas).*
Centro. Maqueta del vehículo expuesta en el National Museum of the United States Air Force, Dayton, Ohio.

NE - LIRE 20 ULTIMISSIMA

D'ITALIA

SABATO 25 MARZO 1950 ANNO XLIX NUM. 72

I DISCHI VOLANTI
furono ideati nel 1942
IN ITALIA E IN GERMANIA

Mussolini e Hitler se ne interessarono - Oggi qualche grande potenza sta utilizzando l'arma a scopo di studio

Prensa y platillos volantes
Arriba. Artículos aparecidos en una revista estadounidense y un diario italiano en la década de 1950, y recreación artística.

La reproducción
Derecha. Modelo restaurado del Avrocar *VZ-9 (National Museum of the United States Air Force, Dayton, Ohio).*

prestaciones excepcionales (6.000 kilómetros de autonomía y 4.200 km/h de velocidad).

El 15 de abril de 1945, en Praga, el proyecto estaba casi listo, pero debido al avance ruso tuvieron que huir llevándose una copia de los documentos y una maqueta del vehículo. El 4 de agosto de 1948, proyecto y modelo fueron robados. Schriever opinaba que los diseñadores que trabajaron con él habían entregado su criatura a una potencia extranjera (la Unión Soviética), declarándose capaces de reproducirla y hacerla volar.

Pocos días antes, *Il Giornale d'Italia* publicó una entrevista con el ingeniero Giuseppe Belluzzo en la que afirmaba que los platillos volantes eran el desarrollo de un proyecto original italiano de 1942, que retomaron y perfeccionaron los alemanes. Al final de la guerra se habrían recuperado los papeles, probablemente por parte de los rusos, que fueron los que construyeron lo que los ocasionales testigos llamaban platillos volantes. En años sucesivos se volvieron a difundir estas declaraciones, con la esperanza de hallar nuevos testimonios, siempre poco fidedignos y difíciles de corroborar. El intento fue en vano, porque nunca hubo pruebas objetivas de lo afirmado. Eso hizo que floreciese una gran cantidad de obras fantásticas, desde literatura de ciencia ficción a cómic, que hicieron ricos a muchos autores.

Con el paso del tiempo, las conquistas reales en el campo espacial hicieron que se olvidasen estas teorías y los platillos volantes perdieron su fascinación.

FOO FIGHTERS, *HIMMELSTÜRMER* Y RAYO DE LA MUERTE

El esfuerzo científico alemán por producir nuevas armas fue verdaderamente notable. Como hemos visto, lograron crear numerosos dispositivos revolucionarios en el campo bélico, aunque en el imaginario colectivo de la época sus resultados fueron muy diferentes de los realmente obtenidos.

NIKOLA TESLA
Izquierda. El científico serboestadounidense, uno de los hipotéticos inventores del «rayo de la muerte», en una entrevista.

Se les atribuye la construcción de platillos volantes, rayos de la muerte y otros artefactos que nunca llegaron a materializarse, y mucho menos a ser puestos a prueba, al contrario de lo que aseguró parte de la prensa tras acabar la guerra.

FOO FIGHTERS

Con este término describieron pilotos de la RAF y la USAAF los misteriosos fenómenos aéreos que

FOO FIGHTERS
Objetos luminosos o misteriosos fenómenos aéreos avistados en el cielo de Europa y el océano Pacífico por pilotos aliados, que temían que se tratara de armas secretas desarrolladas por Alemania y Japón. Se sabía que ambas potencias estudiaban nuevas armas para la defensa antiaérea nocturna.

HIMMELSTÜRMER

Entre los muchos instrumentos con los que equipar a un soldado para la acción bélica, los ingenieros alemanes estudiaron un dispositivo que permitiese efectuar saltos de 50-70 metros para salvar campos minados, torrentes u otro tipo de obstáculos. El soldado llevaría una mochila que dispondría de dos tubos de propulsión, capaces de elevarle del suelo lo necesario para sobrevolar el obstáculo. Había que accionar ambos tubos al mismo tiempo para obtener el impulso suficiente para elevarse. Consumía 100 g de combustible al segundo por cada unidad de propulsión. La duración del vuelo era mínima y había que apagar ambas unidades inmediatamente después del aterrizaje. Estos dispositivos no estaban concebidos para ser producidos en serie. Solo estaba previsto fabricar un número reducido de ejemplares para ser utilizados en determinados escenarios de combate que implicaban la superación de obstáculos. Los rumores de la existencia de los *Fliegende Sturmtruppen* (destacamentos de soldados voladores) nunca fueron confirmados, pero es probable que la idea de los *Himmelstürmer* (caminantes del cielo) alemanes empujara a las fuerzas armadas de Estados Unidos a desarrollar la investigación para conseguir «mochilas cohete», con resultados hasta hoy insatisfactorios.

observaron en el cielo de Europa y el Pacífico: «bolas de fuego» o haces luminosos que se presentaban de improviso ante sus ojos. Temieron hallarse frente a nuevas e inexplicables armas.

El rayo de la muerte

Entre las supuestas nuevas armas nazis, quizá la más letal fuera el «rayo de la muerte», consistente en un potente flujo de energía capaz de destruir en pocos segundos cualquier objetivo enemigo. Entre los hipotéticos autores de esta novedosa arma se mencionó incluso a Nikola Tesla y a Guillermo Marconi, aunque el científico italiano desmintió la noticia.

German Death Ray Pistol Stuns Animals at Mile Range

AN ODD-LOOKING pistol firing a magnesium charge said to be capable of stunning men and animals a mile away is now being demonstrated in Paris. Its inventor, a German who was forced to flee from his native land, hopes to sell the idea to the French government.

Scientists believe the operation of the device is based upon the "thermit reaction" now used in certain welding operations. The reflector mounted on the barrel of the gun would concentrate the deadly heat rays, and protect the operator from the dazzling glare of exploding magnesium.

This death ray gun is said to be capable of stunning men or animals at one mile range. The queer magnesium pistol is being demonstrated in Paris by its German inventor.

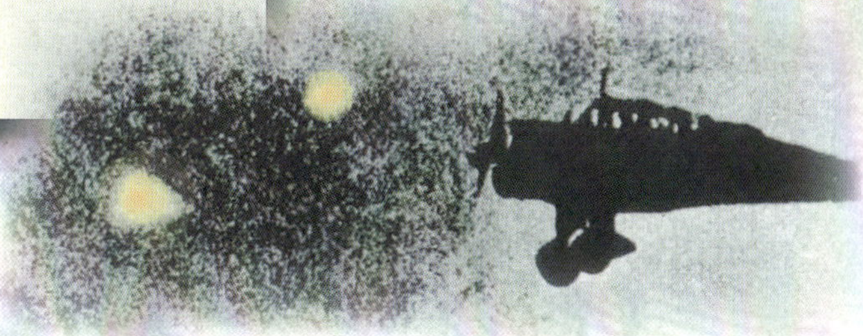

Rayo de la muerte
Izquierda. Uno de muchos artículos aparecidos en prensa sobre la hipotética invención de armas capaces de emitir rayos letales.
Abajo. También los Foo Fighters *fueron interpretados como evidencias de armas que disparaban rayos luminosos.*

LA BASE 211 EN LA ANTÁRTIDA

La exploración de parte de la Antártida, llevada a cabo durante el invierno de 1938-1939, dio origen a la leyenda de la Base 211, según la cual los nazis habrían creado una enorme base subterránea utilizando un canal submarino que atravesaba todo el continente antártico y llegaba hasta Nueva Zelanda. Este complejo, que habría sido bautizado como Nuevo Berlín, estaría siendo abastecido desde 1942 con material transportado exclusivamente por sumergibles, los únicos que podían burlar con relativa facilidad la vigilancia enemiga hasta Sudamérica y finalmente la Antártida. De acuerdo con la misma leyenda, carente por completo de pruebas objetivas, tras la derrota sufrida en Stalingrado, los mandos alemanes, ya no tan seguros de la victoria final, empezaron a tomar en consideración la posibilidad de fuga. Una de las metas ideales sería, naturalmente, Nuevo Berlín, a la vista del posible apoyo que podrían recibir de los gobiernos filonazis sudamericanos.

LA EXPEDICIÓN A LA ANTÁRTIDA DE 1938-1939

La búsqueda de un espacio vital llevó al gobierno alemán a promover los viajes de exploración, también a la Antártida, para comprobar si era posible levantar un asentamiento estable en mitad del hielo. El 17 de diciembre de 1938 partió del puerto de Hamburgo el mercante *Schwabenland*, especialmente modificado para el despegue de hidroaviones. A bordo iban biólogos, ingenieros, hidrógrafos y cartógrafos. Después de un mes de navegación, el barco alcanzó la banquisa y desde allí los técnicos alemanes iniciaron la exploración del territorio con ayuda de hidroaviones. Cubrieron una superficie de entre 325 .000 y 600 .000 km² y marcaron el territorio con miles de banderas alemanas con el fin de reivindicar la «paternidad». A mediados de febrero de 1939 la expedición emprendió el viaje de regreso a Alemania, con propósito de volver a la Antártida para ampliar los conocimientos adquiridos. Sin embargo, el estallido de la guerra impidió la realización de aquel proyecto.

NEUSCHWABENLAND
Derecha. La colonia nazi en la Antártida señalada en un mapa. Página anterior. Emblema de la expedición a la Antártida, 1938-1939.

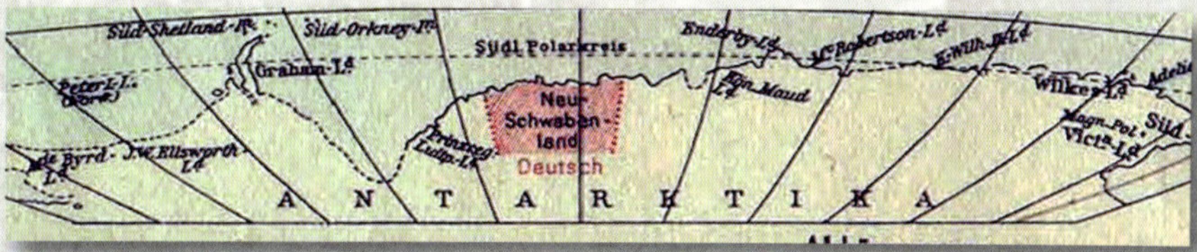

A inicios de 1944 comenzaron las expediciones hacia la Base 211 bajo control directo de las SS y, tras finalizar la guerra, muchos jerarcas nazis habrían encontrado refugio en el continente helado. Algunos sostienen que entre ellos estaban Hitler y Eva Braun. Estas hipótesis tan fantasiosas nacieron a raíz de los viajes, históricamente probados, de algunos *U-Boot* que durante los últimos años de conflicto transportaron materiales, no del todo identificados, por una ruta al sur del continente americano. En abril de 1945 un último convoy abandonó puertos alemanes para dirigirse hacia la Antártida. De él formaban parte dos *U-Boot,* o naves submarinas, el U-530 y el U-977, que se entregaron a las autoridades argentinas el 17 agosto de 1945, dos meses después de concluir las hostilidades, aunque completamente vacíos. Cuando las autoridades locales y los oficiales estadounidenses interrogaron a las tripulaciones no obtuvieron información alguna sobre su destino, lo que dio lugar a abundantes conjeturas. También es un hecho demostrado que en 1947 la Marina de Estados Unidos desplegó una impresionante operación naval en la costa antártica. Los defensores de esta extravagante tesis declararon que el objetivo de la misión no había sido otro que destruir la Base 211.

VIKTOR SCHAUBERGER
Izquierda. Teórico de la implosión y los vórtices, sus teorías nunca fueron aceptadas por la comunidad científica. Sus obras fueron esgrimidas por los defensores de la teoría del complot, que respaldaba la existencia de la base secreta nazi en la Antártida, eficazmente protegida por platillos volantes.

NUEVA SUABIA
Abajo. Localización de colonia nazi en la Antártida.

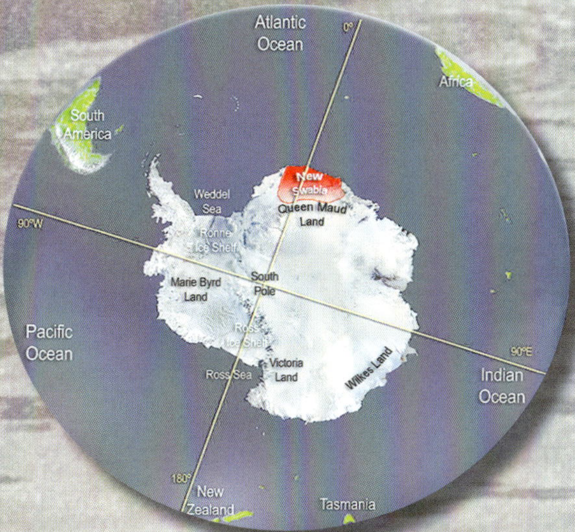

LA OPERACIÓN *HIGH JUMP*

A finales del verano de 1946 la Marina de Estados Unidos organizó una misión de exploración a la Antártida. Su fin era adiestrar al personal para trabajar en lugares excepcionalmente fríos y ampliar los conocimientos existentes sobre hidrografía, geografía, geología, meteorología y condiciones electromagnéticas de la zona. Una escuadrilla de 13 embarcaciones y varios aviones, dividida en tres grupos y al mando del almirante norteamericano Richard E. Byrd, llegó a las costas antárticas en los primeros días de diciembre. Exploraron las Marquesas, la bahía de las Ballenas en el mar de Ross y la isla San Pedro (Georgias del Sur).

Esta misión, llevada a cabo pocos meses después de acabar la guerra contra Alemania, alimentó muchos rumores, sobre todo entre los que respaldaban la existencia de una base nazi en la Antártida. Según estos, la expedición no era más que un ardid para apoderarse de la Base 211, la instalación subterránea nazi construida en la Antártida, y capturar el prototipo del *Vril*, un disco volador nazi, o la *Thule*, una nave espacial alimentada con mercurio. El hecho de que algunos aviones se precipitaran al suelo durante la exploración del continente helado, fue atribuido a intervenciones armadas de los militares nazis que se habían quedado para defender la zona y custodiar los secretos. Resulta superfluo añadir que nada de esto fue probado.

La entrevista del almirante Byrd

Los defensores de la existencia de la Base 211 citan siempre el artículo aparecido el 5 de marzo de 1947 en el periódico chileno *El Mercurio*. En él se reproducía una noticia obtenida de la agencia norteamericana International News Service sobre la entrevista concedida por el almirante Richard E. Byrd, comandante de la operación *Gran Salto (High Jump),* al periodista Lee van Atta a bordo del *USS Mount Olympus*. En dicha entrevista, Byrd advertía a Estados Unidos de los potenciales peligros en caso de una invasión del país por parte de aeronaves hostiles procedentes de regiones polares. Byrd aseguraba que dicha información era la conclusión más importante de sus observaciones en la Antártida y avisaba a sus compatriotas de que no debían confiarse solo porque estuviesen lejos.

Recreaciones de la base secreta nazi
Página anterior, arriba. Las galerías bajo el hielo.

Arriba. Exterior de las instalaciones de la base, U-boot estacionado y platillos volantes.

Abajo. Complejo residencial del mando de la base y estacionamiento de U-boot.

EL MISTERIO DEL U-234

El U-234 era un sumergible de la Kriegsmarine perteneciente a la clase Tipo X que, el 25 de marzo de 1945, partió del puerto de Kiel para una importantísima misión. Se esperaba que llegase a la base japonesa de Penang, en Malasia, para entregar allí a sus aliados material que, según algunos, habría decantado la suerte de la guerra en favor del Eje.

Tras dejar el puerto alemán, navegó hasta la base de Kristiansand, en Noruega, donde embarcó material químico. A continuación se dirigió hacia el océano Atlántico. Durante su recorrido, el comandante de la nave conoció la noticia de la rendición y recibió la orden del almirante Dönitz, nuevo jefe provisional del gobierno alemán, de interrumpir todas las actividades militares y entregarse a los Aliados.

Así fue como el 15 de mayo de 1945 el *U-boot* fue interceptado, en aguas cercanas a Terranova, por el barco estadounidense *USS Sutton*, que escoltó al sumergible hasta Portsmouth, en New Hampshire, lugar al que en años anteriores ya habían sido conducidos otros *U-Boot* alemanes.

En unas horas, toda la zona en torno al muelle cerca del cual estaba atracado el U-234 fue delimitada y rodeada por un centenar de soldados de la Marina con equipo de

A BORDO DEL *U-BOOT* 234 XB

En el interior del sumergible alemán U-234 XB se encontraron diez contenedores con 560 kg de óxido de uranio y dos cazas de reacción Messerschmitt 262 completamente desmontados (el Messerschmitt fue el primer avión de reacción y fue utilizado durante la Segunda Guerra Mundial). Además, había silenciosos torpedos a propulsión eléctrica y varios proyectos, entre otros los de construcción de los temidos misiles V-2 a propulsión química y los proyectiles con uranio empobrecido destinados a la defensa antiaérea. Las cajas que contenían los cazas Me 262 fueron transferidas a la base aérea Wright Field de Dayton, en Ohio, donde el ingeniero Bingewald reconstruyó un ejemplar del aparato que, al parecer, voló en mayo-junio de 1945. Bringewald se convertiría en director del proyecto para la construcción del nuevo caza de reacción F-105 Thunderchief, desarrollado a partir de un exitoso precedente: el F-84 Thunderjet. Este fue muy empleado por Estados Unidos en la posguerra, en Corea y en las primeras fases de la guerra de Vietnam, antes de ser sustituido por el F-105. En cuanto al material radiactivo, algunos sostienen que fue usado en las bombas atómicas lanzadas sobre Japón en agosto. De acuerdo con esta tesis no probada, los estadounidenses habían agotado todo el uranio enriquecido durante los experimentos de Los Alamos.

combate. La embarcación fue cubierta con redes de camuflaje, amplias lonas impermeables y puesta a disposición de un grupo de ingenieros y científicos del departamento de seguridad.

La carga fue extraída y analizada con mucho cuidado por los científicos norteamericanos. Hay quien sostiene que algunos de los éxitos obtenidos por los estadounidenses tras la guerra en el campo de la tecnología tienen mucho que ver con lo hallado a bordo del U-234.

U-234
Página anterior, arriba. Johann Heinrich Fehler (derecha), comandante del sumergible U-234.

Abajo, derecha. El U-234 *en el momento de su rendición al cazatorpedero estadounidense* USS Sutton, *en aguas próximas a Terranova el 15 de mayo de 1945.*

Rusos y norteamericanos convencieron a varios científicos alemanes de que colaboraran con ellos, permitiéndoles continuar los trabajos que habían tenido que interrumpir. Hubo importantes hallazgos que propiciaron, entre otras cosas, el desarrollo de la investigación espacial.

LA TECNOLOGÍA NAZI EN LA POSGUERRA

EL DESTINO DE LOS CIENTÍFICOS ALEMANES

EE. UU.-URSS: LA CARRERA ESPACIAL

LOGROS DE LA TECNOLOGÍA ALEMANA

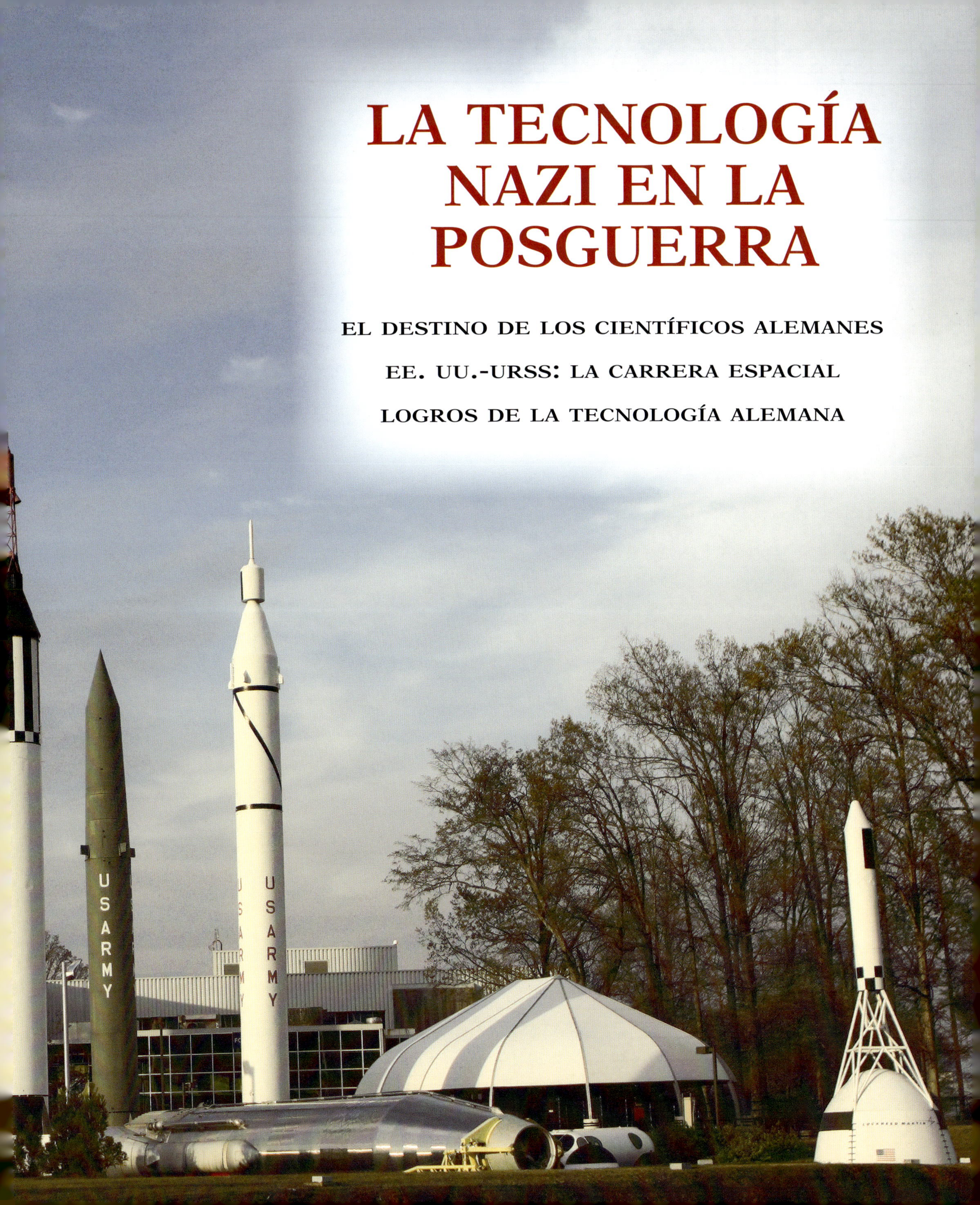

EL DESTINO DE LOS CIENTÍFICOS ALEMANES

THE NATION'S NEWS SOURCE

GERMAN SCIENTISTS RECRUITED BY U.S.

Apenas pusieron el pie en Alemania los ejércitos de la coalición antialemana, se desencadenó la caza de laboratorios secretos donde los científicos llevaban adelante proyectos para uso militar. El objetivo no era solo frenar el desarrollo de aquellos dispositivos mortales de los que se hablaba, sino sobre todo localizar a los investigadores y llevárselos al propio país para que continuasen, bajo nuevos jefes, con sus trabajos. Fue así como estadounidenses y soviéticos, sobre todo, acapararon a las mejores mentes alemanas. Gracias a la contribución crucial de estas, pudieron desarrollar la tecnología que les llevaría a dominar el mundo durante varias décadas. El

RECLUTAMIENTO
Arriba. Página de un diario estadounidense que anuncia el reclutamiento de numerosos científicos alemanes al término de la operación Paperclip.

Izquierda. Wernher von Braun (con el brazo escayolado) y Walter Dornberger se rinden a los norteamericanos el 3 de mayo de 1945, antes del fin oficial de la guerra.

LA OPERACIÓN *PAPERCLIP*

Inmediatamente después de la guerra, el gobierno estadounidense creó la JIOA *(Joint Intelligence Objectives Agency)*, una rama del *Joint Intelligence Committee* (Centro de Inteligencia Conjunto), que tenía como objetivo reclutar científicos alemanes para robar a los soviéticos los descubrimientos que estos habían adquirido durante los años de nazismo. El presidente Harry Truman autorizó la operación siempre que los científicos no hubieran sido miembros del partido nazi y no hubieran participado en actividades criminales. Pero los agentes reclutadores alteraron en algunos casos los currículos de los científicos. Las nuevas identidades iban unidas a los expedientes con clips para papel, de ahí el nombre. Entre los científicos incorporados figuran: Rudi Beichel, Otto Hirschler, Hermann H. Kurzweg, Gerhard Reisig, Werner Rosinski, Wernher von Braun, Walter Dornberger y Arthur Rudolph, en lo relacionado con cohetería y misiles, y Alexander Lippisch, Hans Multhopp, Hans von Ohain y Kurt Tank en el campo de la aeronáutica.

científico más famoso e importante que se entregó a los Aliados fue Wernher von Braun, director científico de la producción de armas del Reich. Primero trabajó en el programa de misiles estadounidense y luego pasó a desempeñar un papel como «profeta de los viajes espaciales». Todo su pasado nazi fue ocultado por el gobierno con ayuda de la operación *Paperclip*. No fue descubierto hasta 1985, cuando estuvieron disponibles los documentos gracias a la *Freedom of Information Act*. También Otto Ambros, el químico preferido de Hitler y director de una fábrica de goma sintética, tras ser excarcelado en 1952 trabajó para el ejército y varias firmas estadounidenses. Menos fortuna tuvo Walter Schreiber, que en diciembre de 1951 fue reconocido como criminal nazi: se vio obligado a huir y refugiarse en Argentina.

WERNHER VON BRAUN
Tarjeta de identificación facilitada por la Army Ballistic Missile Agency en 1957.

EE. UU.-URSS: LA CARRERA ESPACIAL

La llegada a la Luna el 20 de julio de 1969 fue un acontecimiento de los que hacen época en la historia de la humanidad. También marcó el fin de una larga carrera entre Estados Unidos y la Unión Soviética, iniciada el 4 de octubre de 1957 cuando los soviéticos lanzaron el primer satélite artificial, el Sputnik 1.

Un mes más tarde, el 3 de noviembre de 1957, la URSS lanzó el Sputnik 2, y en esta ocasión había un ser vivo en su interior: la perrita Laika, que sobrevivió a la entrada en órbita, pero murió posteriormente a causa del estrés y el sobrecalentamiento.

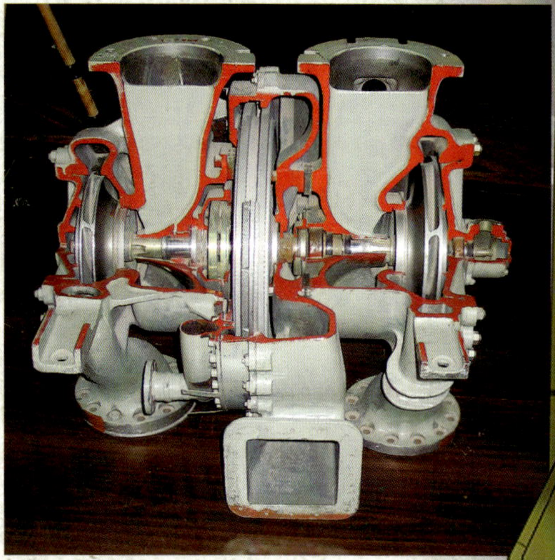

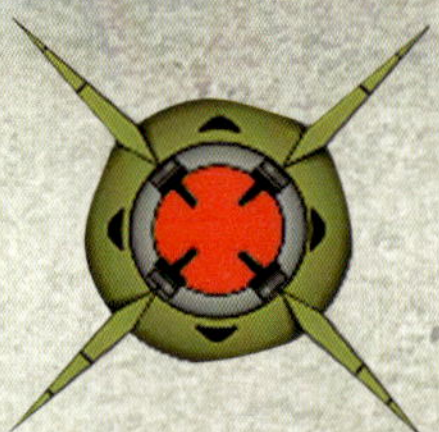

Misiles balísticos soviéticos
Arriba. Modelo y motor del misil balístico soviético de corto alcance desarrollado en los años 1940 a partir del V2, con la colaboración del científico alemán Helmut Gröttrup.

Los cohetes Soyuz soviéticos
Izquierda. La URSS desarrolló vectores para su carrera espacial derivados de los primeros R-7.

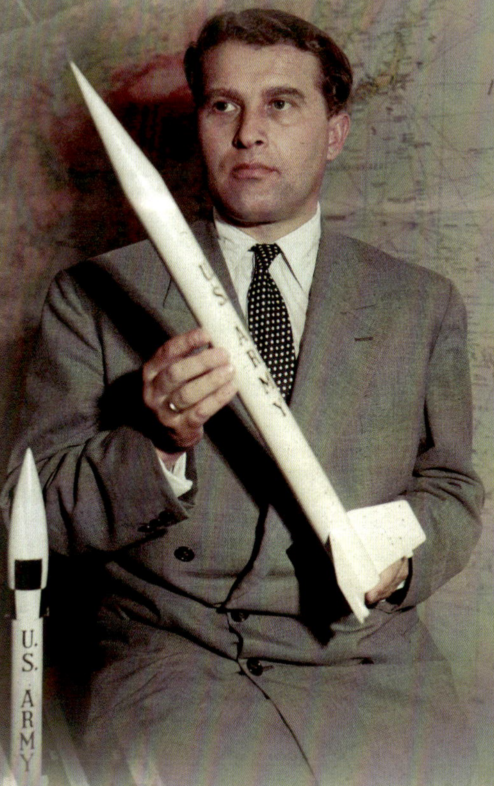

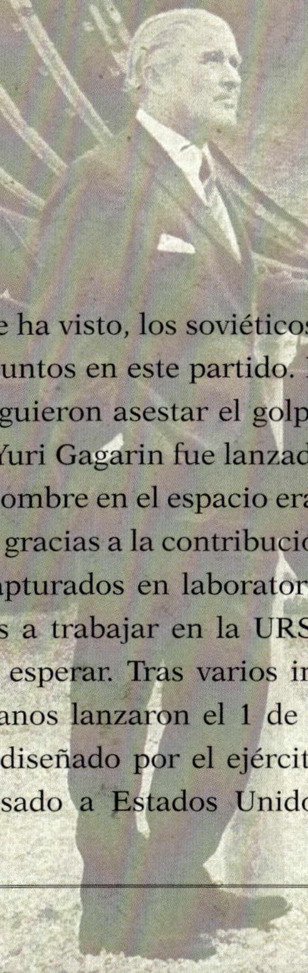

EL SATURNO V
Derecha. Cohete de propulsión líquida desarrollado por la NASA bajo la dirección de Wernher von Braun (en la foto de arriba, con un modelo que él proyectó).

Como se ha visto, los soviéticos se anotaron los primeros puntos en este partido. El 12 de abril de 1961 consiguieron asestar el golpe final a sus adversarios. Yuri Gagarin fue lanzado en la Vostok I: el primer hombre en el espacio era ruso. Todo esto fue posible gracias a la contribución de numerosos técnicos capturados en laboratorios de Alemania y obligados a trabajar en la URSS. La respuesta no se hizo esperar. Tras varios intentos en falso, los americanos lanzaron el 1 de febrero de 1958 un cohete diseñado por el ejército y el ingeniero alemán pasado a Estados Unidos Wernher von Braun, el Explorer I: fue el primer éxito para las barras y estrellas. En julio del mismo año se fundó la NASA, cuya dirección recayó en Von Braun. A partir de ese momento, se acortó la distancia que los separaba de los soviéticos.

El 5 de mayo de 1961, Alan Shepard fue el primer americano que realizó un vuelo suborbital a bordo de la Mercury 3, mientras que el primero en describir una órbita en torno a la tierra fue John Glenn el 20 de febrero de 1962, a bordo de la Mercury 6.

El 25 de mayo de 1961, el presidente John Kennedy anunció al Congreso el inicio del Programa *Apollo*, destinado a llevar al hombre a la Luna en un plazo de diez años. Con cierta antelación, el 20 de julio de 1969, Neil Armstrong dio el primer paso en la superficie lunar

LOGROS DE LA TECNOLOGÍA ALEMANA

A continuación se enumeran las armas y dispositivos realizados, o proyectados, por técnicos alemanes que, después de la guerra, fueron empleados en la carrera armamentística, principalmente por Estados Unidos y la Unión Soviética durante los años de la Guerra Fría.

AVIONES CON MOTORES DE REACCIÓN
Derivados del Messerschmitt Me 262, del más veloz Messerschmitt Me 163 *Komet* y el Heinkel He 178 impulsado por un auténtico turborreactor.

MISILES ANTIAÉREOS
Basados en el Henschel Hs 298, primer misil aire-aire adoptado por la aeronáutica militar.

CAÑÓN AUTOMÁTICO PARA AERONAVES
Inspirado en proyecto del Mauser LG-213, desarrollado por la Lufftwafe y que no entró en servicio.

LANZACOHETES MÚLTIPLE
Idea retomada del Luftfaust A y B y el Fliegerfaust, ambos lanzacohetes múltiples portátiles.

AVIONES DE ALA VOLANTE
Para esto fueron muy útiles los proyectos del Horten Ho 229.

LOCKHEED F-117 NIGHTHAWK
Centro. Avión de ataque estadounidense basado en la tecnología stealth*, de la que al parecer estaba dotado el reactor de ala volante Horten Ho 229.*

MIKOYAN-GUREVICH MIG-15
Izquierda. La aerodinámica de estos cazas soviéticos (primer vuelo: 30 de diciembre de 1947) se inspiraba en los estudios alemanes de ala en flecha y empleó a muchos de los técnicos que los habían realizado. Modelos de referencia fueron el Messerschmitt Me 262 y el Focke-Wulf Ta 183.

LTV-N-2 LOON
Misil de crucero estadounidense copiado de los restos de un V1 alemán derribado.

M-202 FLASH AMERICANO

La idea de un lanzacohetes múltiple como el Luftfaust alemán fue retomada por Estados Unidos en la década de 1960. Desarrollaron un lanzacohetes cuádruple incendiario llamado M-202 Flash, que fue utilizado en Vietnam y Afganistán antes de ser desechado. El lanzacohetes alemán fue también el antecesor de los Strela soviéticos y los Redeye-Stinger estadounidenses.

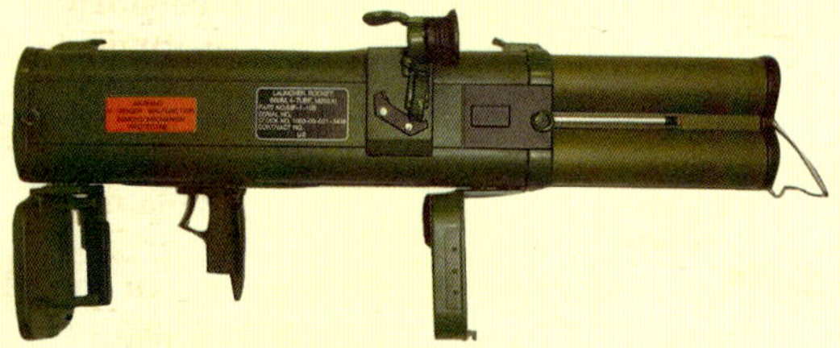

MISILES BALÍSTICOS

El precursor absoluto de los misiles balísticos fue el *Aggregat-4*, más conocido como V2. Al término del conflicto, tanto rusos como americanos capturaron centenares y los usaron para desarrollar luego sus respectivos programas misilísticos, con la colaboración de los científicos alemanes que los habían proyectado y que pasaron a trabajar para ambas partes, el primero de ellos Wernher von Braun.

ADEN 30 MM Y VERSIÓN 25 MM
Abajo. Cañón automático inglés de tipo revólver con calibre 30 mm presente en muchos cazas británicos de la década de 1950. Su tecnología deriva de la del Mauser MG-213 alemán.

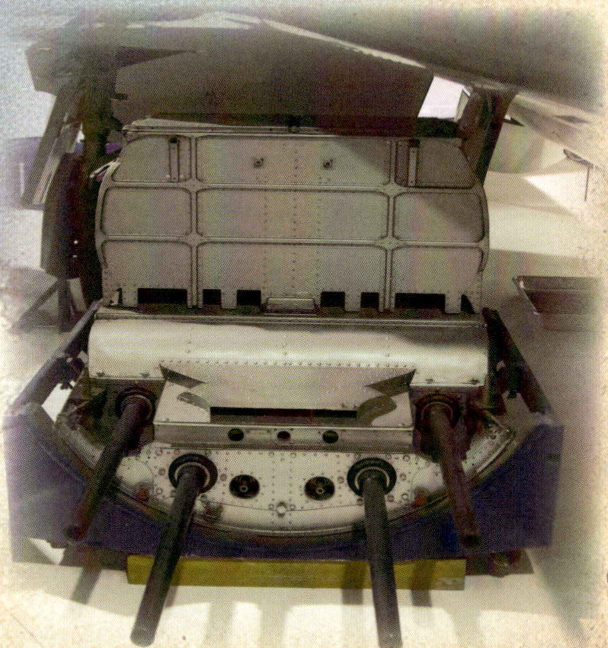

SUBMARINOS LANZAMISILES

Inspirados en el proyecto secreto de utilizar el *U-Boot* Tipo IX-C como base de lanzamiento de misiles V2 adaptados dentro de torpedos.

CÁPSULA DE EYECCIÓN DEL PILOTO

El primer uso práctico tuvo lugar el 13 de enero de 1942 en un vuelo de prueba del Heinkel He 280.

AVIONES DE ALA VOLANTE

Son aparatos constituidos exclusivamente por un ala, sin fuselaje o cola. Surgidos de la mente del diseñador alemán Hugo Junkers, que en 1910 patentó un modelo y en 1929 realizó el Junkers G 38 con 34 plazas. La idea fue recuperada por técnicos estadounidenses y alemanes en las décadas de 1930 y 1940, seguidos de rusos y franceses. El primer aparato de propulsión a chorro fue el alemán Horten Ho 229 proyectado en 1945, pero nunca utilizado. Este modelo fue copiado tras la guerra por los norteamericanos, a los que se habían entregado los planos, aunque con escasos resultados hasta la llegada del bombardero Northrop YB-35 y la versión posterior YB-49.

MISIL BALÍSTICO INTERCONTINENTAL (ICBM)
Producidos por la Unión Soviética, Rusia, China y Corea del Norte. De izquierda a derecha: (URSS) SS-18 mod. 4, (URSS) SS-18 mod. 5, (URSS) SS-19 mod. 3, (URSS) SS-24 mod. 1, (URSS) SS-24 mod. 2, (URSS) SS-25, (Rusia) SS-27, (China) DF-4, (China) DF-5, (China) DF-31, (Corea del Norte) Taepodong-2.

Tecnología STOL

Despegue y aterrizaje cortos/verticales, según el proyecto del Fieseler Fi 156 *Storch*.

CONVERTIPLANO

Del proyecto del Focke-Achgelis Fa 269, un convertiplano de caza, y el Focke-Wulf Fw *Triebflügel*, un caza de interceptación experimental con despegue y aterrizaje sobre cola.

Vuelo suborbital

Derivado del *Silbervogel*, un bombardero suborbital motorizado por cohete, que sirvió como punto de partida para el estudio de los misiles de crucero.

Tecnología *Stealth*

Inspirada en el Horten Ho 229, recubierto con un barniz especial capaz de absorber las ondas de radio, cosa que junto a su forma reducía la localización por parte de los sistemas de radar de la época.

Boeing B-47E Stratojet
Arriba. Fue el primer bombardero con motor de reacción producido con éxito por Estados Unidos: más de 2.000 unidades entre 1947 y 1955. Para eso fueron fundamentales los hallazgos en aerodinámica de los científicos alemanes que, después de la guerra, estuvieron a disposición de los constructores estadounidenses.

Submarino para lanzamiento de misiles balísticos
Vehículo subacuático diseñado y equipado para el lanzamiento de misiles balísticos SLBM (Submarine-launched ballistic missile), *hoy casi exclusivamente de propulsión nuclear. La idea fue concebida en 1941 en Peenemünde por ingenieros alemanes, que pensaron en adaptar para este fin el* U-Boot *Tipo IX-C.*

Bibliografía

Christopher, John. *The Race for Hitler's X-Planes*. The Mill, Gloucestershire: History Press, 2013.

Duffy, James P. *Target: America. Hitler's Plan to Attack the United States*. Praeger, 2004.

Dungan, Tracy. *V-2: A Combat History of the First Ballistic Missile*. Westholme Publishing, 2005.

Gunston, Bill. *Caccia dell'asse nella seconda guerra mondiale*. Milán: Gruppo Editoriale Fabbri, 1981.

Heinshall, Philip. *Hitler's V-Weapons Sites*. Sutton Publishing, 2002.

Hogg, Ian V. *German Secrets Weapons of the Second World War*. Greenhill Books, 1999.

Hogg, Ian V. *German Artillery of World War Two*. Headline Book Publishing, 1998.

Hyland, Gary. *I segreti perduti della tecnologia nazista*. Roma: Newton Compton, 2007.

Johnson, Brian. *The Secret War*. Pen & Sword Military Classics, 2004.

King, Benjamin y Kutta, Timothy. *Impact: The History of Germany's V-Weapons in World War II*. New York: Sarpedon Publishers, 1998.

Rainer, Karlsch. *Hitlers Bombe*. Deutsche Verlagsanstalt.

Romaña, José Miguel. *Armas secretas de Hitler*, Madrid: Nowtilus, 2009.

Porter, David. *Hitler's Secret Weapons*. Amber Books, 2010.

Tombetti, Pier Luigi. *I grandi misteri del nazismo*. Milán: Sugarco edizioni, 2005.

Thompson, Peter. *The V-3 Pump Gun*. Londres: ISO Publications, 1999.

Witkowski, Igor y Wenham, Bruce. *The Truth about the Wunderwaffe*. Books International Militaria, 2003. **Zaffiri, Gabriele**. *Progetti segreti della Luftwaffe*. Nicola Calabria Editore, 2011.

Zaloga, Steven. *V-1 Flying Bomb 1942-52*. Oxford: Osprey Publishing, 2005.

Sitografía

http://www.luft46.com/

http://www.achtungpanzer.com/

http://www.fingolfen.tripod.com/

http://www.navweaps.com/ Weapons

http://www.uboat.net/

http://www.uboataces.com/articles-rocket-uboat.shtml

http://www.unmuseum.org/ratte.htm

http://www.aviastar.org/index2.html

https://en.wikipedia.org/wiki/List_of_World_War_II_military_aircraft_of_Germany

http://intelmsl.com/insights/history/v2-intelligence-operations/

http://www.oocities.org/augusta/8172/panzerfaust2.htm